策划委员会主任

黄居正 《建筑学报》执行主编

策划委员会成员（以姓氏笔画为序）

王　昀　北京大学

王　辉　都市实践建筑事务所

史　建　有方空间文化发展有限公司

刘文昕　中国建筑出版传媒有限公司

李兴钢　中国建筑设计院有限公司

金秋野　北京建筑大学

赵　清　南京瀚清堂设计

赵子宽　中国建筑出版传媒有限公司

黄居正　同前

高迪的理想国

〔日〕无限知识《住宅》编辑部　编

刘云俊　译

中国建筑工业出版社

丛书序

在我社一直从事日文版图书引进出版工作的刘文昕编辑,十余年来与日本出版界和建筑界频繁交往,积累了不少人脉,手头也慢慢攒了些日本多家出版社出版的好书。因此,想确定一个框架,出版一套看起来少点儿陈腐气、多点儿新意的丛书,再三找我商议。感铭于他的执着和尚存的理想,于是答应帮忙,组织了几个爱书的学者、建筑师,借助他们的学识和眼光,一来讨论选书的原则,二来与平面设计师一道,确定适合这套图书的整体设计风格。

这套丛书的作者可谓形形色色,但都是博识渊深、敏瞻睿哲的大家。既有20世纪80年代因《街道的美学》《外部空间设计》两部名著,为中国建筑界所熟知的芦原义信,又有著名建筑史家铃木博之、建筑批评家布野修司,当然,还有一批早已在建筑世界扬名立万的建筑师:内藤广、原广司、山本理显、安藤忠雄……

这些日文著作的文本内容,大多笔调轻松,文字畅达,普通人读来,也毫无违碍之感,脱去了专业书籍一贯高深莫测的精英色彩。建筑既然与每一个人的日常生活息息相关,那么,用平实的语言,去解读城市、建筑,阐释自己的建筑观,让普通人感受建筑的空间之美、形式之美,进而构筑、设计美的生活,这应该是建筑师、理论家的一种社会责任吧。

回想起来,我们对于日本建筑,其实并不陌生,在20世纪八九十年代,通过杂志、书籍等媒介的译介流布,早已耳熟能详了。不过,那时的我们,似乎又仅限于对作品的关注。可是,如果对作品背后人的了解付之阙如,那样的了解总归失之粗浅。有鉴于此,这套丛书,我们尽可能选入一些有关建筑师成长经历的著作,不仅仅是励志,更在于告诉读者,尤其是青年学生,建筑师这个职业,需要具备怎样的素养,才能最终达成自己的理想。

羊年春节,外出旅游腰缠万贯的中国游客在日本疯狂抢购,竟然导致马桶盖一类的普通商品断了货，着实让日本商家莫名惊诧了一番。这则新闻，转至国内，迅速占据了各大网站的头条，一时成了人们茶余饭后的谈资。虽然中国游客青睐的日本制造，国内市场并不短缺，质量也不见得那么不堪，但是，对于告别了物质匮乏，进入丰饶时代不久的部分国人来说，对好用、好看，即好设计的渴望，已成为选择商品的重要砝码。

这样的现象，值得深思。在日本制造的背后，如果没有一个强大的设计文化和设计思维所引领的制造业系统，很难设想，可以生产出与欧美相比也不遑多让的优秀产品。

建筑亦如是。为何日本现代建筑呈现出独特的性格，为何日本建筑师屡获普利茨克奖？日本建筑师如何思考传统与现代，又如何从日常生活中获得对建筑本质的认知？这套丛书将努力收入解码建筑师设计思维、剖析作品背后文化和美学因素的那些著作，因为，我们觉得，知其然，更当知其所以然！

黄居正

2015年5月

SENSE OF WONDER
（新奇感）

幼小的儿童只能凭着感觉和经验对事物进行抽象。

到了青年时期，即便脱离知觉和经验的现实世界，

也可以鼓动起想象的羽翼自由翱翔。

直到对世界有了全面的看法并找到自己在其中的位置，就逐渐成熟起来。

据此，便能够掌握预见世界未来和改变世界现实的能力。

然而，事实果真如此吗？

到了成年，那种孩提时期才有的

生动的好奇和令人心跳的感觉

不是一下子都烟消云散了吗！

如同那本改变了世界的《寂静的春天》一书的作者蕾切尔·卡森（Rachel Louise Carson，1907–1964 年，美国人，虽为海洋生物学家，却以她的小说《寂静的春天》引发了美国乃至全世界的环境保护事业——译者注）在 50 年前指出的那样，那些本应引人注意的神秘和新奇感——SENSE OF WONDER

——成人们却轻易地放过了。

每当人们面对伫立在都市空间中安东尼奥·高迪的庞大建筑时，似乎又重新唤醒了那种早已忘却的惊奇感。

高迪建筑所具有的强烈震撼力，动摇了成人自幼建立起的绝对性世界观的基础。

历经百余年尚未完成的圣家族教堂仍在建造中。当勒·柯布西耶和密斯·凡·德·罗这些现代建筑大师正在努力将自己的作品遍布世界各个角落时，与世界主流疏离的高迪是怎样想到创作出那样的建筑形态呢？而且，为什么这样的建筑形态会出现在伊比利亚半岛加泰罗尼亚地区的巴塞罗那呢？

本书将孕育高迪艺术的加泰罗尼亚文化放在中世纪的背景下加以阐释，从发端于产业革命的现代化运动浪潮中寻觅高迪艺术的精髓。

然而有必要提醒读者，只是了解高迪的背景资料，远不如感受高迪的建筑重要。

——无限知识《住宅》主编　泽井圣一

目录

用5分钟即可了解高迪的Q&A

Q1 高迪是位建筑师吗?

A1 对于对现代寻常的无机质建筑物已经司空见惯的我们来说,高迪那种看上去并不像以直线构成主体的"建筑"所具有的独特风格,使人完全有理由认为,他的职业与其说是建筑师,莫不如说更符合艺术家的形象。他毕业于巴塞罗那建筑学校,这所学校又恰好是现在加泰罗尼亚工科大学建筑系的前身(位于高迪的作品古埃尔别墅内),并且他还在马德里的一所学校正式获得建筑师资格,应该说是位名副其实的建筑师。另外,他不仅接受过建筑专业的基础教育,受到建筑师维奥莱 – 勒 – 迪克很深的影响,而且还在瓦格纳综合艺术观点的启发下,开辟了一条新的道路。同时,在思索形式命题的过程中又与歌德的自然观产生了共鸣,最终成为一位不受流派束缚、能够在创造的世界中自由驰骋的建筑师。这也实现了他少年时期的夙愿:"要从事建造立体事物的工作。"

Q2 高迪是西班牙人吗?

A2 尽管这是肯定的,但更准确地说,高迪应该是加泰罗尼亚人。作为国家形式存在的西班牙,现在包括首都马德里在内总计有 17 个自治州,每个州各自都拥有当地积淀起来的不同历史、文化和风俗。其中的加泰罗尼亚,便是由高迪活跃的舞台巴塞罗那、他的故乡塔拉格纳以及莱利达和赫罗纳等 4 个县组成的自治州。高迪常以自己为加泰罗尼亚人而自豪,并且不断地探索着具有当地特色的表现形式。尤其到了晚年,他不再说卡斯提利亚语(即标准的西班牙语),改用加泰罗尼亚语回答别人的询问,并因而有过被警察拘留的遭遇。由此可以看出,包括使用的语言在内，高迪是个真正意义上的乡土之人（深深扎根于家乡土地上的人）。深爱自己祖国和民族的高迪，毕生没有离开过巴塞罗那。仅就这一点来说，他与经常活跃在异国他乡、并将自己作品留在那里的勒·柯布西耶和密斯·凡·德·罗等建筑师有着根本的区别。

Q3 高迪的代表作是什么？

A3 米拉之家、古埃尔公园和古埃尔宅邸 3 件作品，以及至今仍被看作巴塞罗那象征的圣家族教堂、获得建筑师们高度评价的巴特罗之家和古埃尔礼拜堂等都非常有名。尤其是圣家族教堂，它本脱胎于威尼斯的圣马可大教堂，但主体完成后的高度却超过罗马的圣彼得大教堂，成为世界上最大的宗教建筑。由于仍在施工过程中及其他原因，至今未能进入世界遗产名录。上面提到的作品几乎都是高迪在 1900 年以后设计的，那时正处于他创作风格的转型期。除了古埃尔公园，其他作品都坐落于巴塞罗那市区内，均被收入联合国教科文组织世界遗产名录。它们因具有鲜明独特的风格，一眼便知是高迪的作品。

Q4 书中频繁出现的"古埃尔"是人名吗？

A4 以古埃尔公园为代表，高迪的许多作品都被冠以"古埃尔"（Güell）之名。在高迪贫困的一生中始终给予他帮助的保护人就叫尤西比奥·古埃尔。以投身纺织业致富的古埃尔曾有过留学英国和法国的经历，不仅在艺术上有着很深的造诣，而且一直怀有要将加泰罗尼亚文化推向更高层次的抱负。高迪从古埃尔那里得到的，不仅仅是经济上的资助，还通过他了解到世界各地的艺术发展动向。古埃尔还将高迪介绍给巴塞罗那的社交界。因此，高迪也亲身感受到那从未经历过的奢华瞬间。他与古埃尔有着相同的眼光，都有志于创造理想的艺术形式，并为此相互理解、相互支持。古埃尔的帮助，既消除了高迪在经济上的后顾之忧，又使高迪的精神世界变得更加充实。

Q5　高迪设计的特色？

A5　对于形式的看法，高迪直截了当地说："创造者是上帝，人只是发现者。"亦即，将上帝所赐予的自然和动物形态转换成建筑形式，能够从事这种非凡创造事业的建筑师屈指可数。而高迪是其中之一。米拉之家的外观和室内均以地中海的波涛作为设计主题；而圣家族教堂则以自然生长、冲天矗立的树木作为设计形象；古埃尔公园和古埃尔宫的设计重点是与周围自然景观的融合；巴特罗之家在设计上很容易让人联想到动物的骨头和毛皮……可以说，他的许多灵感都来自上帝创造的生命形式。

Q6　高迪有哪些未完成的作品？

A6　始建于 1883 年，至今仍未完工的圣家族教堂，以及因古埃尔经营的纺织厂不景气而中途停止施工的古埃尔领地教堂，都是处于未完成状态的高迪作品。此外，米拉之家因受到所谓"悲剧的一周"暴乱的威胁，高迪最为看重的屋顶玛利亚塑像也只好放弃；古埃尔公园原本是按照分户出售住宅进行规划的，后来才改变用途成了公园。如同纽约实业家投资的摩天大厦还没等竣工就破产了一样，高迪也为自己作品中许多未实现的灵感而纠结。通常，人们在提到高迪时所说的"未完成的"一词，大半指他的一些具体作品；然而也应该这样看，"未完成的"亦指高迪在建造过程中解决出现的各种问题时并不拘泥于细部形态的完美无瑕。尤其是到了晚年之后，关于始终未完工的圣家族教堂，高迪曾说："上帝也不急着完工。"像这样对作品完成与否并不在意的态度，也是高迪特有的。

Q7 除了建筑以外，高迪还设计过什么？

A7 在取得建筑师资格后，除了建筑以外，高迪也接受了许多其他项目的设计委托，尽管这不是他的主要工作，但仍然是他事业的重要组成部分。这些项目包括，早期设计的皇家广场的街灯、与古埃尔结识后设计的手袋店展示柜，以及晚年设计的两个教堂布道台等。除此之外，他还为卡尔贝特公寓和巴特罗之家等制作了风格独特的家具，并因托利诺餐馆的内装设计而获得巴塞罗那商业建筑年度奖。由此也展示出他在室内设计方面所具有的优异才能。上面提到的任意一件作品，都不愧为与建筑和空间适称的设计。

Q8 何谓现代主义？

A8 系对受到兴起于巴黎的新艺术思潮影响、19 世纪末在加泰罗尼亚广为流行的艺术活动的总称。在以纺织工业为中心的背景之下，巴塞罗那成为一座繁荣的城市，无论建筑、雕塑、绘画和室内设计，还是戏剧、音乐和文学等各个领域都呈现一片蓬勃发展的景象。至于高迪究竟是否为一位现代主义者，尽管仁者见仁智者见智，但在他生活的时代，无论是他的对手多梅内奇·蒙塔内尔、何塞普·普格，还是他的学生何塞普·马利亚·胡霍尔等众多建筑师，都作为主角活跃在巴塞罗那的舞台上。

Q9　高迪的实践要胜过他的言词吗？

A9　如同高迪自我阐释的那样："人们不是被分成两种类型吗？即说的人和做的人。我属于后者。"由于高迪是一个十分重视经验和实践的人，因此给人留下这样的印象：他总是在不停地检验着实际出现的问题，并针对这些问题反复修改自己的设计。作为一个铜器工匠的儿子，高迪很善于通过自己的手和身体来体验空间和把握设计要领；与此形成鲜明对照的，是他却几乎没有留下任何表述自己想法的著作和供他人参考的图纸之类。然而，善于思考的高迪一旦开口，话语里蕴含的内容都非常深刻，使人能够从中得到启发。

Q10　为什么高迪被看作另类？

A10　并非自学，而是通过正规教育获得建筑师资格的高迪，被当时的建筑界和批评家们看作另类的原因之一，是他与社交界的疏离以及由于受到古埃尔的特别眷顾而遭受的妒忌。尽管如此，他自身那种无与伦比的创新精神和强烈的个性色彩还是给世人留下了深刻的印象。早在就读于建筑学校期间，高迪便在制图作业"墓门"中刻意描摹出送葬者的悲戚表情。高迪独具匠心、充满现实想象力的创作态度，挣脱了旧的传统和样式的束缚，特别是在受教于建筑理论家维奥莱－勒－迪克之后，这种创作态度变得愈加鲜明。

第1章 关于建筑

追求功能的同时创造自然的形态

高迪研究第一人、胡安·巴色哥达博士访谈

皇家高迪研究所所长、巴塞罗那工科大学教授胡安·巴色哥达博士（西班牙建筑师，高迪研究者——译者注）的研究室位于古埃尔庄园内，这所庄园占用了巴塞罗那目前有限的高级住宅区的一角。而且因地处"郊外"，也是尤西比奥·古埃尔伯爵享受骑马乐趣的地方，由高迪规划设计。由马厩和门房构成的建筑，极具伊斯兰特色的瓷砖装饰和以拱顶为特征的建筑内部，摆满了与高迪有关的资料。光顾这里的客人络绎不绝，每当来访者一到，被博士像孩子般疼爱的狗狗们便欢呼雀跃起来。虽然高迪的所有作品都已有 100 年左右的历史，但时至今日，与作为展品保存的相比，还是以正在使用的居多。实际上，古埃尔庄园便能够让人们看到一座已融入日常生活的"现代主义建筑优秀典范之一"究竟是什么样子。

——住在古埃尔庄园里的心情？

就像你看到的，这里有点凌乱。不过这说不定是我自身的问题。可能是觉得既然自己待在马厩里，或许就应该如此吧（笑）。心情真的很好哦。

——这里什么地方更能体现出高迪的特点？

请你留意一下天棚的抛物线拱顶，漂亮吧？那是以鸡蛋为原型设计的。要将这样的拱顶用图纸描绘出来相当困难。可以说，它是一种二维图纸无法表现的形态。先观察自然界的事物，再据此创作出模型，最后造出实际建筑物。唯有高迪才能够营造的空间就在这里。

——高迪从来不绘制图纸吗？

是的。不是不会，而是不画。现在还有高迪初学建筑时所绘制的图纸存世，图纸非常漂亮；不仅如此，高迪的绘画也很不错。不过，在他成为建筑师之后，就再也没有绘制过图纸。我认为也许与他本人的身世有关。他生长在一个世代相传的金属匠人家庭，曾亲眼见过自己的祖父和父亲制作金属器具时的情形，并因而掌握了如何在一个没有图纸的空间里制造物件的本领。匠人们难道不是没有图纸便能够造出水壶和饭锅吗！因此高迪认为，本来要造建筑物那样立体的东西却要先做平面的作业，是多此一举。取而代之的，则是先制作精细的模型，并能够将自己的想法明白无误地传达给木工。

——都将高迪建筑说成"像是活着的物体"。制作模型是其中的诀窍吗？

非也。模型只是手段而已。高迪建筑的全部要素都是在自然界中"发现"的。譬如，他发现形成树木和花草的纤维，说到底只是一条条的线，通过线条与线条的组合最后形成的是曲线。这便是高迪著名的双曲面拱顶

（一种耐久性优异的拱顶。高迪曾将这样的曲线用于不同的建筑。——原注）的源起。虽然是很单纯的事物，并且在自然界中大量存在，然而却是建筑界所没有的。或许正因为结构和装饰是从自然中习得，才使建筑物有了生命。

——高迪为什么要将自然界中的要素用在建筑上？

这我也不清楚。不过，他曾留下一句话："如要追求功能性一定得走进自然。"

——这个所谓的自然是指加泰罗尼亚的自然吗？

高迪作为"地中海人"，应该算是意大利人和希腊人的近亲。他出生的塔拉戈纳，既辉映着古罗马的色彩，也饱含着古希腊文化的底蕴，完全呈现出地中海地区的景象：干涸的土地上，裸露着一片片凹凸不平的岩石，却将大海映衬得既广阔，又美丽；而且，这里也是一个阳光明媚的地方。高迪曾很夸张地形容："仅靠地中海就能得到艺术。"然后又说："地中海的阳光映照出事物的本来面目，我虽然不存什么幻想，却能够自由地想象。"尽管幻想也是想象力的一种表现，但还是想象本身更加贴近现实。总而言之，幻想的东西只停留在头脑里，想象的东西却可能实际上为人所见。高迪很重视"看到"的事物，地中海区域又恰恰最适于"表现看到的事物"，因此他很庆幸自己能够生长在这里。

古埃尔庄园的马厩

——与自然融合的高迪建筑，却具有明显的异质感，对所有看到的人都产生强烈冲击，这是为什么？

我想这源于人们"先入为主"的观念吧。高迪自己曾说："所谓独创性就是回归本源。"这里所说的"本源"正是指"自然"。由于并非凭头脑中抽象的思维，而是从自然中发现的要素，因此是任何人也撼动不了的。人的一生会学到各种知识，这些知识往往都是经过自己的眼睛筛选后才获得的。因此，我想要说的是："请摒弃先入为主的观念、不带任何偏见地看待高迪。高迪建筑呈现给人们的就是大自然本来的样子。"而且正是出于这样的理由，我还认为，高迪的作品已达到具有永恒普遍性的境界。

未完成的艺术

成为废墟的高迪建筑

撰文：石山修武

学生时代曾有幸听今井兼次先生（参看本书第 7 章）讲课，他是高迪研究的先驱者之一。这里当然指的是安东尼奥·高迪。今井先生在讲述高迪的过程中表情越来越激动，以致最后眼圈里竟浮现出泪珠，哽咽着说不出话来。与其说他是在讲课，毋宁说更近似于内心信仰的袒露。今井先生一直在学高迪，并以近乎模仿的形式设计自己的建筑。这样的做法，或许使他与其说是现代建筑师和大学教师，不如称其为高迪的皈依者更恰当。当时年轻气盛、不谙世事的我，终于按捺不住地从教室里悄悄溜了出来。因为实在看不下去了。让年轻的我无法忍受、并感到特别羞耻的东西究竟是什么呢？

时至今日，我终于明白，那就是现代主义的标签。我想，我在高迪的信徒，如今井兼次身上发现的某种令人厌恶而无法理解的东西，说到底是一个打着现代主义旗号的神话世界。

现代主义建筑的萌芽之一是包豪斯。深受包豪斯影响的早稻田包豪斯学院，亦与包豪斯大学开展合作，用 3 年时间在日本的九州佐贺组建了工作室。这里的授课内容对所谓的现代主义神话起到了推波助澜的作用。其中，约克·格莱特尔的系列讲座更凸显了这样的目的。

对纽约 WTC（世界贸易中心）的恐怖袭击（"9·11"），使原来一直模糊不清的问题都暴露出来。之所以这样断言的根据，就是 WTC 垮塌

古埃尔领地教堂的地下礼拜堂

后出现的庞大废墟，因为这是美利坚合众国历史上有过的最大废墟。今天，我们可以站在一个新的高度来看待废墟所起到的警示作用。纽约的废墟就展现在人们眼前。至此，废墟的存在也与所谓神话世界产生了关联。在日本就没有这样的废墟，因为日本的建筑从不借助神话世界的力量，且与其彻底划清界限。日本的建筑造型设计多从外部着手，或者采用反讽的形式。欧洲建筑的灵感则往往来自对废墟的忧患意识，并将重点放在内部处理上。尽管我的结论有点武断，但可以说今井先生讲课的内容在涉及废墟的意义时，还是相当具有冲击力的。在我的脑海中，突然就浮现出巴塞罗那圣家族教堂那仍未竣工的现场景象。于是我终于意识到：高迪建筑的巨大魅力，恰恰就在于从未完成过，即呈现在人们眼前的总是一片"废墟"。

也是出于对今井先生讲课的印象，我始终对高迪建筑持极其怀疑的态度。可是，参观过圣家族教堂现场之后，我彻底改变了自己的看法。那里留给人的印象，与一般的巨型建筑施工现场截然不同。现场完全没有那种正以钢铁、玻璃和混凝土构筑造型时的紧张气氛。即使咋看上去似乎已经完成的作品古埃尔领地教堂，也同样能给到访者那种未竣工的震撼。我曾多次访问巴塞罗那，对高迪的理解也越发深刻。米拉之家和巴特罗之家固然不错，但我认为这些作品应归属于与古埃尔领地教堂及圣家族教堂不同的世界。

圣家族教堂的现场为何让我感动？难道不是因为它那未完工的情景产生强烈视觉冲击的缘故吗！或者换句话说，那正是由于在我们眼前出现了一片废墟！

在大教堂工地，当然已看不到高迪的身影，仍在施工中的现场已挣脱了建筑师高迪的束缚。近些年来，由于将大量的钢筋混凝土和钢构件用在工程中，与高迪砌石结构的原创相比，整个建筑形态已经面目全非。

不过，单从现场的状况来看，仍然像是有生命力的废墟。雅典卫城山上的帕提农神庙废墟与圣家族教堂的施工现场似乎不存在可比性，却又很接近；虽说接近，但又相去甚远。教堂会有完工的那一天吗？或者说，真有让它完工的必要吗？这些都在我们心中画了个大大的问号。圣家族教堂本来有一幅工程总体效果图，其规模仅次于罗马的圣彼得大教堂，将成为世界第二大的教堂。另外，争世界第一和第二，也关乎建主题公园的事情。一旦教堂完工，说不定将成为一座中等规模的主题公园，甚至有可能作为高迪娱乐城出现在世人面前。其实，现在就可以明显地看出这种迹象。

巴塞罗那借着举办奥运会的机会，将米拉之家洗刷得干干净净，连角落处都补修得整整齐齐，建筑里外焕然一新。米拉之家摇身一变，竟成了一座小型主题公园。而巴特罗之家也本身就有着这种潜质。

高迪的建筑并不绝对，它也是时代的产物，其具有的价值也会随着社会的变化而改变。如今就处在变化的过程中。自进入现代以后，人们不再需要像对待神圣的遗迹那样封存高迪的建筑了。就像东京将举办奥运会作为契机使城市面貌彻底改变一样，巴塞罗那的市容也有了很大的变化。位于巴塞罗那市中心的哥特地区，核心构成要素便是废墟，即古罗马时代的遗址。因此，这里的变化就不可能像东京那样不留一点儿旧的痕迹。在巴塞罗那，如果提到大教堂，人们首先会想到哥特地区，而不是圣家族教堂。对这一点，高迪当然是心知肚明。所以，要获得造型上较大的自由度，将圣家族教堂建在巴塞罗那新区会更有把握。这里对历史的连续性没有直接要求。古埃尔公园更是如此，它位于巴塞罗那的边缘地区。这里可以让高迪充分展现自己的造型才能，甚至像游戏般地自

古埃尔领地教堂的地下礼拜堂

由发挥也没关系。尽管古埃尔公园似乎也是一件未完成的作品，然而它看上去几乎没有一点儿废墟和遗址的样子，如果说的是那种未完成作品意义上的废墟或遗址性质的话。而且也与一般遗迹不同，它会让人真切地感受到一种特有的忧虑感——历史的庄重性。

同大多数评价一样，我也认为古埃尔领地教堂是高迪最伟大的作品。它充分体现出高迪对未完成作品的绝对自信。高迪似乎确信，自己在这里的工作，是任何人都无法接手的。因此尽管工程再三搁浅，他却为了保持最佳状态而不遗余力。古埃尔领地教堂的规模要比圣家族教堂小得多，而且又离巴塞罗那城区很远，但高迪仍旧尽其所能，精心构筑出空间的每个角落。

高迪曾留有一幅好像要表现古埃尔领地教堂整体效果的图画。不过，我觉得这幅著名的素描同样是以未完成的工程作为对象。对高迪来说，给保护人古埃尔伯爵描绘出建筑完工后的样子应该是义不容辞的事。同时，可以将其看作护符，就像祈求冥冥中的神灵保佑一样。绘制的建筑完工效果图也是一种祈祷的形式。祈祷和皈依作为整个信仰的一部分，都凝聚在未完成的建筑古埃尔领地教堂的地下礼拜堂中。正因为如此，才让人觉得这个狭小封闭的空间与更广阔的大千世界密切相连。一根根倾斜而立的柱子像远古森林一样，虽然有些封闭，却暗示着连续的空间被向天上牵引。然而，从已经建成的架构来看，无论如何都不能认为将庞大的结构集中在上部就是当初的设想。高迪在这里刻意要表现的，是那种残缺的建筑竣工形态，即打算留下不受个人、也不受他人束缚的遗迹。何况，他对工程能否继续下去也不报什么希望。因此，古埃尔领地教堂处于绝对的静寂之中，好像连时间都停滞了。人们看到的只是一片凝固的废墟。这座未完成的建筑所具有的不可估量的价值，恰恰来自工程没有继续下去。它的价值就在于时间因空间而停滞，而且这是能够为人们所看到的。其实，应该将其称为一座幸福的建筑。

圣家族教堂则没有这样的保证，所以这座未完成的大教堂也可能成为一个很大的时代性错误。存在的危险性是原本很庄严的废墟顿时变为主题公园，人们对此将感到不安。然而也有这样的看法，古埃尔领地教堂早已成为被保存在冷冻库里的遗迹，只不过是一块高迪未加工成形的璞玉而已，不管现实社会和逝去的历史是怎样演变的，都丝毫不会波及到它。圣家族教堂则不同，它至今仍处在变化之中。我们很难预见会产生哪些变化，但果真有了变化也不会觉得奇怪，因为它始终面对现实开放着。

容我大胆说一句，尽管圣家族教堂现场可能被改作其他用途，但是我仍然认为应该将工程继续下去。一个显而易见的事实，是在今天的巴塞罗那，继毕加索美术馆和足球俱乐部博物馆之后，圣家族教堂已经成为著名的旅游景观。因此，圣家族教堂现场逐日呈现出主题公园的样子也是很自然的事。

对施工中的圣家族教堂，我始终在想，除了朝着现实社会开放这一点，换个角度看是否还存在更多的可能性，而且也同样不为教堂的功能所限。现代建筑的寿命都不长，样式姑且不说，施工技术越来越先进。因此，假如每隔30年会出现一个功能转换期的话，那不是更应该将它继续造下去吗！一边使用一边不停地建造，始终处于未完工状态的大教堂一定具有永恒的生命力。

在两座未完工教堂内蕴含的高迪信息

仅完成地下礼拜堂的古埃尔领地教堂

至今仍在施工中的圣家族教堂

撰文：藤森照信

对高迪建筑的每次造访都成为观光，高迪作品的未来究竟会怎样？如果将分布在巴塞罗那的高迪作品所取得的观光收入再投入到高迪的作品中去，一定会使人们喜爱的圣家族教堂和古埃尔领地教堂全部完成，而且收支将取得平衡……类似信口开河的说法不绝于耳。在时隔很久之后，我又来到圣家族教堂旁，想确认几件事，其中之一是关于蛇的问题。

假如世界上只有我一个人注意到这件事，将感到无比自豪：在圣家族教堂某个奇怪的角落蜗居着蛇一样奇怪的东西。

站在这座建筑物的正面，任何人只要先向上看，随后再将视线垂直下移，便可看到一个像是钟乳石洞的凹坑。凹坑内露出作为教堂命名由来的圣家族标志，即雕刻着曾守望过耶稣降生家族的族徽，这是谁都能够看到的。不过，从那里再向下直到地面都刻有什么，记得的人恐怕就没有几个了。这也难怪，因为雕刻看上去一片模糊。但在左右入口中央，即立面的中心位置矗立着一根石柱。令人感到奇怪的，是石柱的上部被一张粗钢丝编制的网状物覆盖着。再仔细看去，那网子里的雕刻，不是条昂着头、盘成圈状的蛇吗！而且，蛇口里还衔着玉石。最初发现时，我很不理解为什么会在基督教堂的这个位置出现一条衔玉的蛇。尽管日本的神社也经常将蛇当作神灵来供奉，但这里毕竟是座基督教堂！

圣家族教堂

这件事，最初我是从日本的高迪研究第一人入江正之那里听到的。

中心立柱上有条蛇，这让我百思不得其解。沿着从上面遮盖左右两个出入口的钟乳石洞两侧向下，均由巨大的石柱支撑着。因为十分醒目，肯定会有人注意到。但并非所有人都知道，石柱是矗立在一只大乌龟背上的。

整座教堂就坐落在从蛇伸向地面的中心柱和自龟背矗立的左右石柱之上。这究竟意味着什么？假如绕到教堂侧面，会发现再往上一点儿还有几条向下窥视着的蛇。

除了蛇和龟，在这里还能看到蜥蜴和鳄鱼之类的形象。后来每当听到有关高迪的话题，便不由自主地感叹："真是一个不解之谜。"这年夏天，我用了很长时间，久久地站在那条衔玉的蛇面前，一边仔细观察，一边翻来覆去地想。终于想明白了：蛇和龟似乎就是高迪建筑要表达的核心理念。

经过沉湎于对圣家族教堂的思索之后，我又来到最喜欢的古埃尔领地教堂前。之所以更喜欢这里，是因为我觉得即使圣家族教堂真的完成了，作为一座建筑物的价值也远远赶不上它。圣家族教堂仍然采用了哥特式教堂的传统样式；而古埃尔领地教堂的设计，高迪则完全围绕着自己的理念。这是一座百分之百的高迪式建筑。无论是圣家族教堂，还是古埃尔领地教堂，如今都处于未完工状态，走近现场，待装的建筑构件横躺竖卧，在落日余晖的映照下，看上去既像是古代遗迹，又像是进行中的工程或爆破后的建筑物。不过，再严格的区分，如果说圣家族教堂似乎正在施工中或是一处遗址，则古埃尔领地教堂更类似于建筑物爆破后的现场。至于为什么说古埃尔领地教堂是座爆破后的建筑物，那理由只有进入教堂内部后才能真切地感受得到。它也来自过分丰富的想象力，这种想象力如同自我爆炸一样的强烈。作为建筑物的表现形式，其内部被不规则地分割开来，表面龟裂的细长石材被用作立柱，并向内倾斜着。

只要进入古埃尔领地教堂，无论是谁都会感到震惊，而且这样的印象是前所未有的。如果是个敏感的人，一定会被吓一跳。打个简单的比方，那感觉就像胎儿卧在母亲腹中一样。不过，要比一般的胎内感觉强烈得多，似乎置身于野兽的腹内，感到生命力正在胎内的底部咕嘟咕嘟地沸腾着。这能否看成大地母亲对生命现象的感知？

对高迪建筑独具的生命力和大地的感觉所作的体验，帮助我解开了蛇与龟之谜。

蛇出现在亚洲已有很长的历史，即使在耶稣诞生前的欧洲（以古希腊为代表），一到春天，蛇也是最早在大地上爬行的动物，而且相互缠绕着，长时间进行交配。这时哪怕有人去敲打它，它们至死也不会分开。如此顽强和执着的精神，使其成为作为繁衍和生命力的象征，成为人们崇拜的动物，甚至包括一定程度的敬畏感。再看看乌龟，由于它有着圆形的甲壳是栖息在泥土中，因此在古代的印度和中国，曾将其看作大地和地球的图腾。

圣家族教堂正面的三根立柱，都以蛇和龟作为柱础。高迪似乎以此来说明，自己的建筑来源于大地和生命。进入 21 世纪之后，这正是不断激起我内心波澜的原因。

追记：写完上面的文字之后，在读者的指点下，我才知道蛇口中衔着的不是玉石，而是苹果。让亚当和夏娃体验了"性的世界"，并因此遭到驱逐的也是蛇。圣家族便是亚当和夏娃的后代。虽然有关蛇的叙述早就见于旧约圣经，但是在基督教中它始终扮演恶的角色。因象征"性的世界"而使其获得恶名，恰恰证明了蛇存在的重要性，或许这正是高迪所意识到的。

高迪对今后的建筑有什么启示

伊东丰雄访谈

——伊东先生，能否告诉我们该怎样重新认识高迪？

我在现代主义的鼎盛时期接受的教育，然后又在现代主义的范畴内营造一座座建筑。在这个过程中，很快就发现其中包含的矛盾、闭塞感或者说一些无聊的东西。正在我考虑该怎样做才能与这样的建筑保持一定距离时，高迪的建筑给了我很大启示。在我偶然从西班牙接到几个项目时，又重新看了高迪的作品，并对他的兴趣日益浓厚。

——如今，我们应该从高迪建筑中汲取些什么？又是出于怎样的理由？

近十几年来，每当构思自己的建筑设计时，作为隐喻的方式，我总是会提到包括树木、风和水在内的自然或其他自然现象。譬如，一想到大片的森林或者小树林时，脑海里浮现出的景象，并不是整整齐齐排列着的树木，而总是那种随意存在的树木状态。与格子栅栏不同，立柱与立柱之间构筑的是成各种各样的场所。我不喜欢用墙壁将房间分隔开来，总想利用立柱和弯曲的墙壁来营造连续的空间。尽管这在造型上很简便，可是毕竟有些老套。利用粗壮且有着各种形状空洞的管柱，则可构筑出更为理想的空间，让人觉得如置身于树林中一样。此后，我很快对有机介质产生了浓厚的兴趣。这时再回过头来看高迪建筑，对他的思想和理

033

米拉之家

念的理解也就更加深刻了。如同人们经常说到的，高迪的建筑让人强烈
地感觉到它不仅仅是建筑，还是像动植物那样的生命体。或者说，在人
们的印象中，高迪建筑已经成为活生生的事物。就我本人来说，与刻在
高迪建筑上的蛇和龟之类装饰相比，则更留意其结构与形态的关系。高
迪建筑的非凡之处或许就在于，所有能找到的不稳定空间都具有稳定性；
换言之，即在非合理性中包含着合理性。我认为，这应该是在营造 21 世
纪的建筑时最值得注意的地方。高迪已将这样的活力淋漓尽致地展现给
众人，并使其成为一个先驱者。这就是他给我的启示。

——具体地讲，高迪作品中哪一点最值得注意？

我最喜欢米拉之家。水波一样的流动性似乎定格为永恒，我认为是个
表现手法十分高超的实例。假如站在那里不动的话，你会觉得很安定；但
只要迈出一步，立刻便摇晃起来。随后，摇晃的程度会随着每次不安定
状态的出现而逐渐加深。所采用的动态造型手法，使空间显得十分有趣。

德国哲学家特奥尔多·施文克，在其所著的《混沌的自然》一书中谈到
许多很有趣的事。他说，人类肢体的骨骼和耳内的三半规管等所呈现的
螺旋状都出自对水流形态的描绘。亦即，水的运动轨迹与生命形态有着
密切的关系。巴特罗之家正面露出的立柱，看上去就像动物的骨头一样；
而圣家族教堂构成拱形的柱子，则近乎树木扶疏的枝条。由此可见，对
于高迪来说，生物形态正是其建筑的主题。高迪的思考方法本身就让人
感到具有流动性。然而，高迪建筑构成空间的树木绝非以真空状态矗立着。
有相邻建筑墙壁的阻挡，只能从一个方向投入阳光，还要受到风的影响，
尽管如此树木仍旧存活下来，并适应了这样的环境，枝条朝着不同的方

向伸展。而且，前一枝条如何伸展决定着后面枝条的生长方向。也就是说，并不是一开始就把形态定下调和的基调，也会碰到各种各样的不安定因素，并在与其状态相适应的过程中才使形象逐渐变得完美，从而保持了总体上的平衡状态。以这样的理念营造建筑者，除高迪外，再无他人。说起来，我最感兴趣的，是在不可预知过程中的营造该怎样构思。

另外，现代建筑通行的营造方法是最初就将一切都确定下来。从单纯的几何学形态出发，考虑是正方形还是圆筒状更美些，并据此决定建筑的整体造型。最后，还要将其分割开。如此一来，必然就产生一个须考虑被分割的各个部分彼此是否调和的问题。像高迪那样，建筑营造伊始先不设计整体造型，以后应该变成什么样子也不确定的做法，倒更接近普通人的思想和行动。

考虑到人类生活方式的变化，至于30年后你自己将变成什么样子，没人能作出明确的回答。譬如，明天眼前突然出现一位漂亮的女性，或许就会使你的人生发生戏剧性的变化（笑）。类似事件的连续，塑造了现在的你。因此不妨认为，也可用相同的思考方法去营造建筑。

——最近，似乎对建筑"强度"问题议论的更多了……

现在的建筑，让人觉得正在变成无机质的东西。虽然看上去优雅美观，却少有生气。我认为，想象力的源泉应该出自人的喜怒哀乐以及对他人的关切，人们并不缺少这些感情。不过，如今的年轻人倒是让人觉得缺乏表白"就是喜欢什么"的勇气。因此，导致自己设计的建筑哪怕再缺少美感，也一定想方设法保证其具有很高的强度。其实，这并非外界的压力使然，而是从骨子里就偏重建筑强度的一种表现。按照以密

米拉之家/通往主人住宅的楼梯

斯·凡·德·罗的"少即是多"为代表的现代美学观点，建筑营造的简单与烦琐也是相对而言。否则，再追问下去，岂不得出了"连人都没有才更美"的结论吗？如此一来，便绝不再是为人们享用的建筑了。高迪建筑所蕴含的丰富魅力就表现在，任何人都会为之感到震撼并被激起内心的喜悦之情，那种强烈的感染力、鲜活的生命特征和内部空间的舒适程度，这些都是无与伦比的。高迪的建筑让世人懂得了：对上帝的信仰，并不全是宗教体验，也包含在日常生活的愉悦中。

——六本木新城路边"水波纹"概念的长椅、比利时布鲁日和伦敦的蛇形长廊展厅等均是由伊东先生设计的作品，在这些地方可随时见到相互交谈的人或凝神伫立的身影。您怎样看待建筑对人的吸引力？

此前我始终未脱离现代主义的框框，直到今天才多少有点儿走出来的感觉。当人们来到伦敦的海德公园，参观由我设计的蛇形长廊展厅时，他们轻松自在的神情以及表现出的赏识态度，都极大地鼓舞了我，由衷地感到干建筑这一行真是太棒了。如今想起来，在过去那种一味追求斯多噶式美的时代，甚至连设计者自己都不晓得建筑究竟是为谁而造的。随着传媒技术的发展，这种认识上的变化也明显地被反映到了作品中，并与兴起的高迪热一拍即合。

——对圣家族教堂和古埃尔领地教堂这些以"未完成"形式存在的建筑，您是怎样想的？

决定做一件事，在那之前有个下决心的过程。高迪的前行并不一帆风顺，他也是在经历了艰难曲折之后，才创造出那些惊世骇俗的建筑。据说，村野藤吾先生（1891-1984年，日本著名现代建筑师，梁思成同时代人，日本设有村野藤吾建筑奖——译者注）曾经这样做：仅采用1:200左右的较高比例来绘制投标用图纸。其理由是为留出充分的余地，便于施工开始后按照具体情况灵活地变更设计。现在，不知道人们还是否记得，日本也曾有过这样的时代。

——我们再换个话题，晚年时期的勒·柯布西耶，其创作风格也变得有生命力了。在朗香教堂的设计理念中，我们能够看到他在巴塞罗那考察高迪建筑时受到的影响。对这一点，您有什么看法？

勒·柯布西耶的早期建筑多是表现松散的概念，没有充实的内涵。到了晚年，他的设计手法才逐渐得到拓展。将年轻作为本钱，会试图去造一切想创造的东西；及至暮年，梦寐以求的是要留下几件随性的作品。日本的一些建筑师，似乎也有不少在晚年开始造茅屋茶室的。我也一直想使自己的建筑风格更趋多样化。

米拉之家/采光中庭仰视

随着城市发展印象愈加深刻的设计

纪念碑式的圣家族教堂

撰文：伊藤俊治

　　每座城市都有作为象征的地标建筑。如巴黎的埃菲尔铁塔、东京的东京塔、纽约的双子大厦、柏林的电视塔以及巴塞罗那的圣家族教堂……被安置在现代城市框架内、自地面突兀而起的这些塔状建筑物是一座城市历史和文化的展示，成为城市的象征物，而且还将它那丰富多彩的形态和韵律辐射到每条街道之上，最后将印记铭刻下来。虽然这类地标建筑物所具有的特点及其诞生的背景并不完全相同，但是塔则成为最能让人想起那座城市的一种形象，因此具有特殊的记忆装置功能，从而给我们的经历又加上一道多彩的光芒。这其中最具代表性的，莫过于高迪的建筑。主体几乎全都坐落在支架上的圣家族教堂，尽管至今尚未完工，但这座造型奇特的建筑却始终被作为神话流传着。我觉得，由于它所具有的与其他城市地标建筑不同的特点，似乎成了一个另类的范例。

　　例如，与埃菲尔铁塔相比，圣家族教堂的不同之处显而易见。在1889年巴黎博览会期间建成的埃菲尔铁塔，是19世纪末整个文明大过渡期的标志，是在科学和机械迅速发展时代绘制出的壮观景象，它那由钢铁构成的几何造型，也暗示着一场城市结构的大变革即将开始。这座由天才桥梁工程师古斯塔夫·埃菲尔（Gustave Eiffel）设计的铁塔，源自要造一座与城市地位相称的"立着的桥"的构想，由于埃菲尔本人还是航空力学的开创者，因此铁塔也成为飞机的隐喻。

与此相反，构想于同一时代的圣家族教堂直插天穹、笔直向上，自林立的塔尖升起几何体的星星，那有如刀劈斧砍似的尖锐形态，在巴塞罗那平坦的城区显得十分突出。教堂以石和砖作为建筑材料，完全采用传统建筑工艺，自由地构成极其复杂的形态。并且，面对这样的形态，人在刹那间会感觉到流动的宇宙的存在，而这是肉眼无法看到的。整座建筑要表现的意象是隐秘在城市内部的自然，与建筑的外观相比，更着重于内部形态的表现。

以纺织业为代表、蓬勃兴起的产业革命，促使巴塞罗那成为全西班牙最早形成的现代城市雏形；然而与此相对，却使社会秩序迅速紊乱，破坏了市民的精神生活，宗教信仰受到蔑视。高迪的想法是，应该利用高塔的造型和隐喻来祛除蔓延在城市中的污秽。随着现代化的发展，在日常生活中渐渐消失的东西，例如将耶稣降生的场面大量地雕刻在教堂立面上，从高耸的塔楼里传出的钟声与收音机里的报时声产生共鸣，令人感到振聋发聩。不仅如此，圣家族教堂也是加泰罗尼亚自然的产物。高迪曾久久地站在强烈阳光照射下的地中海边，眼前的风景与内心的情感逐渐交织在一起，猛然意识到：光应该是理想与现实的一条模糊界线。他试图从物质开始，描摹出生命飞翔的全过程。

加泰罗尼亚是一个特殊的地方。不仅土地面积占了西班牙的一大半，还曾是个独立的王国，而且还有着不同的生活方式。由于被地中海和山脉环绕，因此作为海陆交通要冲，孕育了多种文化混杂的独特风土人情。在西班牙王位继承战争中，加泰罗尼亚因支持哈布斯堡家族而被取得胜利的波旁家族剥夺了自治权，一直持续到18世纪末为止。这一事件，也充分表现出加泰罗尼亚始终具有反中央集权的独立倾向。19世纪末和20世纪初，加泰罗尼亚走向复兴之路，使其命运也发生了改变。当时巴塞

圣家族教堂

罗那人口超过 50 万，以旧街区为中心，整座城市不断向外扩展。在产业发展过程中积累了财富的商人们竞相来到这里，建起一座座豪华的宅邸。终生居住在巴塞罗那的高迪和古埃尔家族就是其中的代表。那时的巴塞罗那被称为"一片狂野的大沙漠"，对新的艺术和精神生活如饥似渴，先是高迪，随后还有米罗（Joan Miró）、卡萨尔斯（Pablo Casals）、塔皮埃斯、达利和毕加索等人也来到这里，逐渐使这座城市成为新创造者的汇聚地。然而，尽管这些人很前卫，可是归根结底都与加泰罗尼亚大地有着不解之缘。出生在卡达克斯的达利曾说，在他的记忆里，故乡就是一眼望不到头的岩石海岸，那样的风景和光线都是无法用地质学和物理学的原理加以解释的。与达利一样，高迪也对所在地区的景观结构和美的实体有着完整准确的把握。其多样化的精髓，都被凝聚在圣家族教堂中。

例如，我们很容易会想到高迪那有名的倒垂实验的曲线（双曲线），即让两端系在天棚上的数条绳索自然垂吊下来形成的曲线。这样的曲线不仅被看作构成各种建筑物的形态要素，并且加载于主体结构的重量也悬挂在曲线处。于是，只要改变绳索的长度、重心位置或者重量，绳索描绘出的曲线形态也将随之变化。高迪用十多年时间反复进行这一实验，通过不断改变条件来验证实验结果，力图穷尽所有可能性，以使其形态达到最完美、最合理的程度。圣家族教堂的造型设计，也同样受惠于该形态实验的成果。因此，那些连贯的曲线简直就像要将所有重量吊在空中一样，让教堂的高塔拔地而起。在自然重力的作用下，那种垂直的过渡状态总表现出难以维持的倾向，并由无穷无尽的形态取而代之。因此，高塔始终都处在半睡半醒的可变状态下，掩盖着可能坍塌的征兆，从而成为其生命运动的表现形式。很奇怪的，是在听到圣家族教堂将于 2022 年完工的消息时，心里竟有很多感慨系之，或许也是出于上面的原因。圣家族教堂工程之所以能够继续下去，主要依据了以下资料：在 1936 年西班牙内战时遭到破坏的模型碎片和高迪助手们绘制的不完整的效果图等。由此可见，工程已经完成的部分并不一定都能准确地表现出高迪的设计意图。何况，高迪还是一位经常根据工程进展情况随时做设计变更的建筑师，就像生命的进程一样，他的设计理念和构想的形态也是不断演变的。因此，只要他活着，便一定会有明显的变化。

高迪曾使用过"生命进化"一词。可以说，他对于建筑的思考源自生命与设计二者之间所具有的本质性关系。他的设计就是一种生命的隐喻，也是在时间的流动中生成和变化着的。而且，自我组织的机制在其中发挥了重要作用，该机制也是由自然结构聚合升华后形成的。正因为工程未完成，始终要在成长过程中自我完善，所以给人们的想象力提供了更大的空间，这一点有目共睹。圣家族教堂，恰恰因"未完成"才被赋予了"完成"的意义。至少在整个 20 世纪，教堂的高塔一直处于未完成状态中。因而，也使其成为城市鲜活的象征。

圣家族教堂的直立形态，具有自地面拔地而起的垂直性，它始终处在萌芽、成长、死亡和再生的过程中，是对生命的描摹、反复、提炼和抽象的结果。象征是种铭刻在人们内心深处的语言，可以让人们意识到某些无法感知的事物。象征物由于将多种意义集了一身，故而其内涵亦更为丰富。圣家族教堂的塔状建筑，既不是塔，也不是教堂；所具有的意义超越这些，已作为流动的生命和力量的象征留在人们的记忆里。这一点，与其他城市的地标建筑绝不相同。恐怕你再也找不到像这样始终散发生命气息的高塔了。在我们生活的时代，更有必要重新思考它所具有的无与伦比的意义。

圣家族教堂/钟塔内的旋转楼梯

维奥莱－勒－迪克的影响

撰文：矢代真己

19世纪末至20世纪初，高迪进入了人生的最活跃时期，也是他的建筑设计理念逐渐蜕变的阶段。处在世纪之交，历史主义建筑的时代已告终结，那是一种专从古希腊和中世纪哥特风格等各种老的建筑样式中寻求创作灵感、再稍加折中处理的设计理念。与此同时，也摆脱了传统和习惯的羁绊，按照合理主义的原则，由零起步重新审视一切。自此开始跨入现代主义建筑时代，尝试营造各种与现实社会更加贴近的建筑样式。其间，以自然现象和几何学作为造型主题的新艺术建筑，甚至以装饰的天幕代表地壳变动状态和方向的结点。

客观地说，高迪的创作活动似乎并未受到这种社会剧变的影响。因此，世人对高迪建筑的关切也丝毫没有动摇。不过，归纳一下其评价的重心，我们发现不外乎介于两个极端之间。一种看法是，作为孤高清傲的天才，高迪专以设计语言无法形容的离奇古怪造型为能事，就像一个在施展魔法的炼金术士，竭尽全力要表现出某种超现实的存在。

另一种看法认为，高迪从几何学中寻求灵感，并将其用在自己创造的建筑形态上。高迪设计的造型，在结构合理主义建筑史上也居于重要地位。而且还强调，高迪通过揭露炼金术士的骗人伎俩，证明自己不愧为那一时代的天之骄子。

以上看法指出了高迪建筑的某些特点，但也都是些一面之词。当然，也有一种居于二者之间的观点，主张既不超越时代、也不拘泥于时代地去探讨高迪精神的实质。也有相当多的人认为，要阐释高迪建筑的特点，绝不能局限在以上观点的范畴之内。实际上，高迪建筑融入的元素不仅有哥特样式和受到伊斯兰建筑影响的穆德哈尔样式，而且还取材于西班牙原有建筑造型以及由动植物和地貌等自然形象所体现的亲切性，即涵盖了历史和自然的两大领域。

那么，允许作宽泛解读的高迪建筑究竟是在怎样的背景下形成的呢？在曾影响过高迪的许许多多人当中，有一位法国建筑师维奥莱－勒－迪克（Eugene-Emmanuel Viollet-le-duc，1814-1876年，法国建筑师，毕生致力于修复古建筑——译者注）的影响。维奥莱－勒－迪克不仅被称为专门从事古建筑复原工作的修复建筑师第一人，也是19世纪具有代表性的建筑理论家。他曾修复过的知名古建筑有巴黎圣母院和胡安·皮埃尔城堡等。维奥莱－勒－迪克以合理主义为主线的建筑理论，均通过其《法国11至16世纪建筑全书》和《维奥莱－勒－迪克建筑讲座》等著作阐述出来。年轻的高迪，曾如饥似渴地拜读了迪克的这些著作。

构成维奥莱－勒－迪克建筑理论核心的，是对哥特建筑样式的合理主义解释。全部由石材构成的哥特建筑呈现出的素朴形态，则成为在功能上不可或缺的合理造型。因此在整体上，才将各个部分相互对应的有机组织重新排列起来。而且，作为支撑这种有机性的根本原理，又是从几何学导出的。再者，被看作有机组织造型范例的，均为蕴含进化可能性的自然形象。由此，也表现出对包含风土人情和生活习惯在内的历史的敬畏之感。如果满足了构成有机组织根本的几何学性质，即永恒性的要求，那些源自地域性和风土性的创意的改变，即由进化导致的演变便也都能得到认可。就这样，"几何学""自然"和"历史"等要素形成三位一体的建筑形态便被创造出来了。

蒙特塞拉特大教堂/"光荣的第一秘境"

不久之后，由此产生的推动作用便使占据古典主义建筑半壁江山的哥特样式又开始复兴起来。然而，与此同时，由于维奥莱－勒－迪克发展的建筑理论系以塑造结构（技术）与创意（艺术）具有合理及密不可分关系的建筑形态作为目标，因此也预示了未来可能发生的演变，同时也是一个象征，说明随着古典主义建筑的兴起，原来那种已奄奄一息的建筑模式，在大变革中被重新加以整合，使建筑设计领域得以复活。维奥莱－勒－迪克的建筑理论，不仅影响到高迪，而且还对相当多的人产生了深刻影响，如新艺术建筑大师，比利时的维克多·霍塔（Victor Horta）和法国的赫克托·吉马德（Hector Guimard）；现代主义建筑阵营的先锋，荷兰的亨德里克·彼得鲁斯·贝尔拉赫（Hendrick Petrus Berlage）以及提倡有机建筑的美国建筑师路易斯·亨利·沙利文和弗兰克·劳埃德·赖特等。说到维奥莱－勒－迪克建筑理论影响为何如此之大，是因为他所塑造的建筑形态透露出一种运动性的缘故，这种运动性具有三个连续的"I"，即"模仿"（Imitation）、"改良"（Inpuru-Bumento）和"创新"（Innovation）。此外，还由"几何学""自然"和"历史"等方面的参数驱动。鉴于对这些驱动力的解释各不相同，尽管从表面上觉察不到它们的同源性，但出现的各种各样的造型却都是建立在该基础之上的。据此可看出高迪的建筑具有明显的时代特征。从而说明，即使基于现代主义建筑与高迪建筑乃是一个问题的认识，也仍然有可能引出不同的答案。可以说，高迪建筑具有的自然性和历史性特征，是在受到维奥莱－勒－迪克的启示后，不断"进化"尝试带来的成果。高迪决心掌握从维奥莱－勒－迪克那里学到的、使建筑设计满足"3I"要求的方法，并彻底领悟其建筑理论的精髓。

从倒立视角描绘出的建筑形状

撰文：矢萩喜从郎

世上万物均受到重力的作用。既然认为包括人的身体在内、日常十分熟悉的事物无不与重力相关，那么就不能忽视这一现象。在进行建筑设计时，更有必要考虑重力是怎样加载到建筑物上去的。假如忽略了这一点，人们则有理由担心，建筑物会随时因自重而坍塌。

我们能够理解，为什么尼古拉斯·佩夫斯纳（Nikolaus Pevsner，1902-1983 年，20 世纪杰出的建筑历史学家。移居英国之前就职于德累斯顿美术馆和哥廷根大学。到英国后任过伦敦学院大学博克贝克艺术史教授和剑桥大学斯莱德纪念讲座美术教授。著有《现代设计的先驱》和《欧洲建筑概要》等。1967 年获得 RIBA 的皇家金质奖章——译者注）最初在其所著的《现代设计的先驱》一书付梓时，并未提及圣家族教堂的设计者和巴塞罗那的奇才建筑师安东尼奥·高迪，然而改版时又将其补充进去。说明佩夫斯纳也承认高迪无与伦比的才能，不允许自己在书中漏掉这方面的内容。

高迪之所以被看作杰出的建筑师，并不仅仅在于他摆放在人们眼前的那些独一无二的造型，而且也源于他是位十分重视建筑结构的人。我在圣家族教堂的展示场中参观过高迪的悬索试验。为了得到所需的屋顶结构，高迪在屋顶的各个支点间系起无数条索链，索链会因自重而下垂形成一个悬索拱；再用装有铅弹的布袋模拟屋顶的荷载系于索链各个相应的关键点上，就得到了所需要的索拱。从这些索拱着手，高迪设计出了让

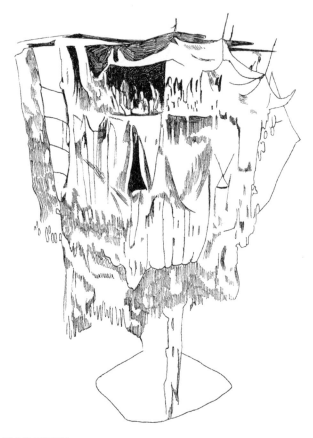

双曲线实验模型

人惊奇的建筑构造。不仅是我，凡是见到那试验过程的人都会惊愕不止。

本来在开始阶段很难将索链的下垂形状应用到结构。可是，高迪制作的索拱模型却解决了这一难题。因为他知道，拱顶所受的荷载必须仅以正压力的形式传导至地面，而将悬索模型上下反转后所得到的结构正好可以满足这一要求。悬索拱的形状是由自然科学原理自然形成的。如果想造尖塔状索拱，只要在链条或绳索中央位置最大限度地加荷载悬索拱就会因悬挂的重物而变成尖塔状；如果将重物加载于接近两端处和中央位置，则会成为椭圆形。

虽然从图式分析上看，到了19世纪后半叶，无应力索拱（仅有正压力的拱）已逐渐被应用于建筑实践。它以相同绳索长度和同样的加载上下逆转，由原来悬挂重物产生的拉伸形状变成无应力结构。并且早在上应用力学课时，高迪就已经了解到这方面的知识，而将其全盘接受下来并积极运用到了实际的建筑工程中。但是，要特别指出的，是将结构方面的图解力学简单化的创意可以说完全来自高迪自己的思考。也只有在经历了这样的思考过程之后，高迪才能够将他设计的建筑呈现在世人面前。

再者，通过设计倒立的形体来创造建筑空间，即形体最下部被当作教堂建筑直插云霄的顶端。这岂不已令人头晕目眩、惊诧不已！换言之，这种印象系由于高迪以倒立的视角来看待建筑形状的缘故。可以说，高迪对重力出神入化般地运用，是解放了人类身体和情感的闭锁状态后焕发出的生机。

悬索实验和高迪的形态学观点

撰文：佐佐木睦朗

对现代工程学也很熟悉的高迪，尽管知道钢铁和混凝土等结构材料所具有的优越性，可是终其一生，他都在使用加泰罗尼亚地区出产的岩石和砖瓦等廉价材料并采用传统工艺，是一位将砌筑结构的可能性发挥到极致的建筑师。高迪建筑的形态和风格，与加泰罗尼亚的历史和风土充分融合在一起。天然石材和砖瓦虽然抗压强度很高，但是抗拉强度和抗弯强度却明显要差得多。因此，从其脆弱的力学特性来说，并不是最理想的结构材料。假如以力学上的合理性为基础，重新审视高迪建筑的结构合理性，在石块和砖瓦作为建材以正压力方式传导力的条件下，则是一种基于静力学平衡原理的传统力学手法。尽管如此，在我们为现代工程学如此迅猛的发展感到惊叹的同时，也愈发深刻地理解高迪所选取的路径。进而表明，从高迪开始，按照悬索（索多边形）原理构筑的抛物线拱和三维倒垂实验结果已经被应用到建筑中。

① 抛物线拱的应用

高迪在许多建筑上都使用了抛物线拱，其中使用最普遍的当属1890年建造的圣特蕾莎学院。这座采用廉价材料构筑的砖瓦结构主体，几乎未加任何粉饰，只是追求结构上的合理性。其抛物线拱的力学原理如下：两端固定悬垂下来的链条和绳索始终沿轴向产生拉力，并由于自重的作用成为一条曲线，被称之为悬索线（抛物线）。假如将这条悬垂线上下倒置，沿轴向产生的便只有正压力，从而得到与自重相对、形态最佳的悬

圣特蕾莎学院/主层的抛物线拱回廊

索线拱（抛物线拱）。虽然抛物线与悬索线的形状十分相似，可是与悬索线靠自重分布形成的相反，抛物线则系由垂直等分布加载形成的。可见，抛物线拱可通过正压力形式将所有垂直荷载传导给地基，而且完全不会产生形变。因此，这是一种合理的、具有自然活力的结构体。高迪认为，出于美学上的喜好，为当时的许多建筑师所不喜欢的抛物线拱却有着力学上的合理性，并大胆地将其作为自己建筑的形态要素。

② 三维倒垂实验结果的应用

1898 年，高迪接受了设计古埃尔领地教堂的任务。接着，他花费了 10 年时间，在制定设计方案的同时，又为确定建筑结构进行了独创的模型实验，即著名的三维倒垂实验。实验预先设想作用于拱顶的肋板、拱和立柱等结构要素上的荷载，将编结的绳索悬挂在适当位置，成为模拟荷载的配重。配重的悬挂点是可移动的，不断改变悬挂点和荷载，直至得到理想的形态为止。和悬索线拱与抛物线拱所采用的静力学原理相同，只不过是将二维平面的问题拓展成了三维立体问题。

在三维空间内，使用岩石和砖瓦等砌筑材料建造结构体时，全部以正压力形式传导荷载被看作最理想的结构形态，这是高迪结构实验的最大目的。换言之，这项结构实验的意义就在于，类似加泰罗尼亚那样，建筑基本上以承受重力产生的垂直荷载为主的地区，使用韧性差、但抗压强度高的岩石和砖瓦等传统廉价材料的效果是显而易见的，而且也显露出现代合理主义或结构合理主义的精髓：尽最大可能由自己决定具有目的性的建筑空间和结构的最佳形态（form，形式）。

高迪给我们留下的圣家族教堂，应该说是这个结构实验研究成果的集大成之代表作。

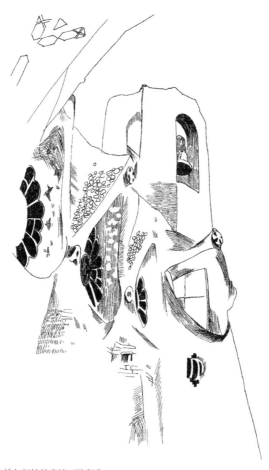

古埃尔领地教堂地下礼拜堂

第2章 关于人物

高迪的人生历程

许多真正理解美的人支持这位孤高清傲的建筑师

撰文：北川圭子

苦恼的年轻时代、母亲和哥哥先后去世

1852 年 6 月 25 日，这位孤高清傲的建筑师降生在到处盛开着橄榄树白色花朵的加泰罗尼亚大地上。工匠出身的父亲、母亲、姐姐和仅长一岁的哥哥，高迪在一个虽不富裕、却十分温馨的家庭里长大成人。16 岁那年秋季的一天，高迪去到了设有建筑学校的巴塞罗那。8 年之后，因母亲和哥哥相继去世，高迪开始强烈否定上帝的存在，尽管对上帝的信仰会对人生产生深刻影响……

"假如将人生放在天平上称量一下就会清楚地看到，痛苦总是要比欢乐多得多。"——安东尼奥·高迪

对初露头角的建筑师给予支持的人们

高迪以斗士的姿态度过了自己的青春期。他一边利用课余劳动赚取收入来完成学业，一边如饥似渴地阅读歌德的《亲和力》之类的书籍，此外，他还对音乐和天文也有着浓厚的兴趣。与此同时，加泰罗尼亚主义思想也开始在他心中萌生。在那些日子里，作为精神上的支持者，有一位在

安东尼奥·高迪（中年时期）

课余劳动时结识、小他一岁的铸型工匠略伦斯·马塔马拉·伊·皮诺尔（Lcorens Matamala i Pinol）。通过刻苦学习，毕业后获得建筑师资格的高迪，虽然有些羞怯，却多少以带点儿自豪的口吻告诉洛伦佐："我终于成为建筑师了。"

成为建筑师的高迪，定做了套装和帽子，整日陶醉在抽雪茄、喝上等红酒的生活里。然而，对于没有人脉的高迪来说，要站稳脚跟还需要资金的支持。毕业那一年，高迪认识了十分理解他、并最终成为他赞助人的尤西比奥·古埃尔。尽管如此，古埃尔并没有立刻将建筑工程交给他，而是让他担任工匠出身的建筑师马托雷利的助手。经过马托雷利的推荐，高迪成为圣家族教堂的第二代建筑师。一个31岁被唾骂为不信上帝的天主教徒，大教堂的建筑师就这样诞生了。

"学校里教的都是一些无用的理论。"——安东尼奥·高迪

神职人员

作为大教堂建筑师，最初的工作是变更第一代建筑师的设计。高迪对自己的技术和知识很有信心。不过，这并不足以使他相信最重要的施主"上帝"的存在。

"由一个不信上帝的人来设计献给圣家族（基督、圣母玛利亚和圣父约瑟）的大教堂，这样合适吗？"

对为此苦恼的朋友们实在看不下去的洛伦佐，与教区巴鲁斯神父交谈时为高迪进行了斡旋。巴鲁斯神父没有多说什么，只默默地将《圣经》和《基督教历法》递到他手中。

还有一位德高望重的神父托拉斯，也始终以开阔的胸襟，呵护着根基未牢的年轻建筑师。他不仅不提上帝的事，而且还与高迪一起熏香，共同探讨加泰罗尼亚主义和艺术论。

大教堂方案的创始者博卡贝里亚（Josep Maria Bocabella）无疑是位虔诚的天主教徒。临死前，他躺在床上还向高迪恳求："为了贫苦的人们，请一定要把大教堂的建设继续下去。"高迪一边点头答应，一边也深为自己不能将信仰贯彻而苦恼。

在高迪41岁那年的复活节，这种痛苦的程度达到了顶点。为了走出迷茫、重建信仰，高迪毅然决定"绝食40天"。他不顾父亲、洛伦佐和学生们的规劝，一直坚持下去。到了肉体真的濒临死亡的时候，精神却开始复苏了。两周后，他终于被托拉斯神父唤醒。耳畔不断传来的这位可敬神父开导的声音，对高迪来说就像上帝的召唤。高迪最终又转身成为皈依上帝的建筑师。

"建筑应该是献给上帝的祭品。"——安东尼奥·高迪

追随高迪的学生们

从一切迷茫和欲望中解脱出来的建筑师，其想象力并未只停留在基督教和动植物的表现上，甚至还涉及古希腊神话、天体宇宙和民间传说等领域。虽然高迪对生活抱有严肃的态度，可是幽默和自由的天性也促使他在无限的时空里驰骋，并将这些题材运用到自己的作品中去。

古埃尔公园/门房

不知道是因为作品风格太独特，还是因为不善交往，总之高迪并不被巴塞罗那的建筑界所接受。然而，崇拜者却不乏其人，一大批优秀的学生聚拢在他的身边。如精于结构计算、像弟弟般可爱的好学生贝伦格尔（Berenguer）。他因过劳，仅48岁便英年早逝。在他弥留之际，高迪泣不成声地说："都怪我。没有你，我便也失去了一条臂膀。"还有色彩感十分敏锐的何塞普·胡霍尔（Josep Maria Jujol），他接受了古埃尔公园长椅拼接图案的配色任务。高迪对完成后的效果十分满意，不住地夸奖："真是太好了！"后来成为第三代圣家族教堂建筑师的多明尼克·苏格拉内（Domènec Sugrañes i Gras）和第四代圣家族教堂建筑师弗朗塞斯克·金塔纳（Francesc Quintana）等，均是高迪的追随者。

"领导者在弥补下级缺陷的同时，还应该作出巨大牺牲。"——安东尼奥·高迪

人生的终结

当喜欢高迪、并给予他支持的人们，如父亲、姐姐、外甥女、古埃尔、马托雷利、巴鲁斯神父、托拉斯神父、贝伦格尔……相继离世之后，洛伦佐称之为"新家庭"的人们共同承担起了照顾高迪的责任。

可是，一辆有轨电车撞倒了这位前去做弥撒的老人，他的头磕到了石阶上。三天后，1926年6月10日，高迪静静地走完了自己的人生道路，死前不断地念诵着基督、圣母玛利亚和约瑟圣家族的名字。第二年，洛伦佐也随之离开人世，就像是上帝的安排一样……

"生存就是战斗。为取得胜利，需要道德的力量"——安东尼奥·高迪

高迪其人

撰文：北川圭子

讨厌理论

　　晚年的高迪被称为"上帝的建筑师"。可是，从小学起，高迪最不喜欢的课就是"宗教"，他很厌烦那些啰啰嗦嗦的理论说教。进入建筑学校之后，由于家境拮据，他在课余给工匠做帮手，这种讨厌理论的情绪愈加明显。后来，他曾对学生们说："学校里教的全都是对社会无用的理论。在学校取得的成绩与个人能力毫无关联，优劣也只是对训练结果的判定。"高迪虽然喜欢读歌德和马克思等人的著作，但是自己却从未著书立说和站到学校的教坛上。作为工匠的儿子，他始终表现出手工艺人的气质。

　　高迪学生时代的日记被保存在雷乌斯博物馆内。这应该是懒于动笔的高迪留给后世的珍贵遗产。不过，与其说这些文字是日记，倒更近似于便笺。而且，前后持续的时间也只有短短的一个月左右。

　　由于以上原因，关于圣家族教堂的建筑理论，高迪也没有留下片言只字。不过，也正是如此才使得继任者们至今依旧可以发挥自己的想象力进行创作。

精神恋爱

　　1878 年 3 月，巴塞罗那建筑学校毕业班的 20 名学生，包括高迪在内、仅有 4 名学生被授予建筑师头衔。那一时代的建筑师都被当作社会的超级精英，高迪并非未接触过女性，始终独身生活。这是因为他讨厌女性吗，还是由于他心目中的女性被过于理想化？其实都不是。

据说，高迪曾有过三段恋爱。31 岁时有了第一次恋爱，他刚刚获得建筑师头衔，接受了处女作文森之家的设计委托，并在这座宅邸的餐厅壁炉上镌刻了"让爱的火焰永远燃烧"几个字。可能也表达了他内心想与女性交往的愿望。家住马塔罗的何塞菲娜是个金发美人，也是一位小学教师，因坚持无神论而与丈夫离婚。高迪无法做到一个人去接近何塞菲娜，每周均由其侄女罗莎陪同乘火车去马塔罗。与何塞菲娜面对面进餐时，高迪显得很紧张，不是把食物粘在胡须上，就是将餐巾掉在地上。总之，十分尴尬。尽管如此，他却未觉察已遭到何塞菲娜的反感。最终从介绍人那里得知，何塞菲娜又与别的男人再婚了。这对高迪来说，是一次沉重而又无情的打击。

一般认为，高迪的第二次恋爱是在他 35 岁以后、40 岁之前。恋爱的对象是个虔诚的基督徒，脸上总是蒙着面纱。做弥撒时，她那祈祷的身影让高迪一见钟情，并亲切地向她打招呼，显得很主动。可是，她最后进入修道院，成了一名修女。

当时的上流社会，通过介绍人牵线搭桥几乎是男女结婚的先决条件；然而高迪的前两次恋爱都无视这样的习俗，也算是进步之举吧。

第三次恋爱让晚年的高迪一想起来就感到羞赧不已，认为那是一场悲恋。当时已近夏末，高迪在面对地中海的避暑地锡切斯（位于巴塞罗那以南 37 公里的一座小城——译者注）度假，一位法国姑娘因受到未婚夫的邀约，作为旅行者也来到这里。他们忘记了时间的流逝，两人都沉浸在畅谈艺术的快乐之中。尽管对她产生了爱慕之情，但是那种夺人之爱

位于古埃尔公园内高迪住过的蔷薇色房屋

的事高迪是做不来的。姑娘回国那一天，高迪躺在床上，脑海中不断闪现出她远去的身影，汩汩的泪水浸湿了枕头……不久，高迪去到法国南部的一座小城，姑娘的家就在那里。连高迪自己都搞不清楚为什么要这样做。如果勉强说个理由的话，或许是要来此确认她的生活很幸福，以便彻底断念。遗憾的是她不在，高迪一无所获地踏上了归途。在列车上，高迪透过车窗一直向外望着，仍在寻觅她白色的身影。车开了，他不住地哭泣。

很多人都认为，这段往事对高迪的创作产生了深刻影响。包括后来的绝食转身、斩断尘缘之举，与他的这次法国南部之行肯定密切相关。高迪后来说过："结婚并非是上帝的旨意。"

不过如前面提到的，建筑师作为社会的精英，假如能娶个有钱人的姑娘，也有利于发展自己的事业。可惜的是，高迪三次恋爱的对象都不属于这一阶层。从高迪的恋爱中，看不出对未来的丝毫谋划，看重的唯有感情，且自始至终都是单相思，表现为纯粹的爱。换言之，只是一场"精神恋爱"而已。

牺牲者

在法国南部之旅后，高迪突然在自己家中开始了长达 40 天的绝食。这是在他 41 岁那年春天、复活节前夕发生的事。虽然听到高迪说要绝食至死，可是无论是年迈的父亲、还是友人洛伦佐和学生们，谁也劝不动他。两周过后，高迪的意识开始模糊。就在所有人都认为他必死无疑时，洛伦佐想到请托拉斯神父来说服他。托拉斯神父后来成为古都比克的主教，是高迪最尊敬的德高望重的神职人员。

托拉斯神父闻讯立刻赶来，将手放在高迪的头上悄悄地说："请一定要完成现世的使命。"在这一瞬间，高迪突然醒悟：自己的使命就是正在进行的圣家族教堂工程。于是他终于慢慢地从床上爬起来。

高迪为什么会以断然绝食的方式修成正果？虽然他在出生的第二天就接受了洗礼，可是由于兄长和母亲的先后去世，使他从此不再相信上帝。此外，他还因自己既反感天主教会的权力，又必须担任圣家族教堂建筑师而内心矛盾重重。高迪认为自己"不太灵光"。他觉得实在无法怀着矛盾的心情将圣家族教堂工程继续下去，而这两难选择的出路，就是将生与死交给上帝裁决。

高迪觉得，如果获得"生"，成为人们的牺牲，就要劳作；如果让自己"死"，就像基督教先将罪加于信众、再让人们成为牺牲那样，自己也将成为一个牺牲者。"牺牲"是基督教的原点，要解释清楚并不容易；但却是高迪流传下来的话语中经常使用的词。

"生存是爱，爱就是牺牲……"

对于高迪来说，生存、爱和牺牲是同义语，无论从绝食中获得的是生还是死，他都会作为牺牲者，让自己更加靠近上帝。

然而，十分幸运的，是高迪因托拉斯神父而重获"新生"，使他回归了上帝的指引。

生态建筑灵感真是从醉酒中获得的吗？

从西班牙人那里听过这样的说法："高迪因喝得烂醉，才打破红酒瓶，用碎片贴出了曲面。"虽然传说出自高迪的朋友，但是其可信度却令人怀疑。不过，米拉之家屋顶烟囱的曲面倒真的是由酒瓶碎片装饰成的。这

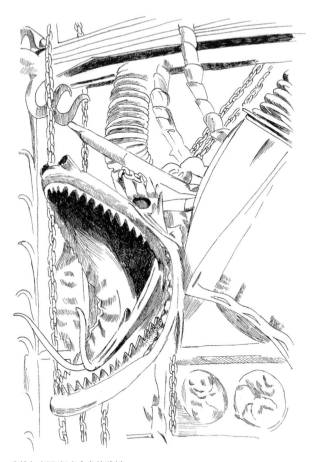

古埃尔庄园/门扇上龙的雕刻

样的创意是否来自酒醉状态呢？以开始绝食那天为界，特别是从虔诚皈依天主教之日起，高迪便不再醉酒，晚年更是过着彻底与酒绝缘的生活。因此，如果这样的灵感真的来自醉酒状态，也应该是在其年轻的时候吧。

高迪在学生时代虽然"不想成为有钱人"，但是还要靠早晚打工来维持学业。自从当上建筑师，在有条件奢侈之后，便开始光顾高级餐厅，饮上等红酒，每次都喝到烂醉为止。而且，还经常与好友一起狂饮，每天都像泡在酒缸里一样。他还常常带着浑身酒气出现在公众场合，甚至因此受到友人洛伦佐的斥责。我不认为这样的说法全是谣言。

高迪说："自然界没有直线。"经过专门切割、形状规整的瓷砖被贴成曲面；将一堆废弃的瓷砖交给自己优秀的学生胡霍尔，任由其给古埃尔公园长椅拼配彩色图案，最终建成一座漂亮的露天剧场。可以说，这种生态建筑的极致表现，走在了时代的前头。然而，一想到这样的灵感竟可能萌生于酒醉状态，我竟不知该说什么是好……

一杆老烟枪

年轻时的高迪是一杆老烟枪，他设在圣家族教堂内的办公室，总是被雪茄烟的紫色烟雾笼罩。洛伦佐说他"脑子里充满了烟雾"，劝他减少吸烟量。不过，说不定抛物线和曲面的灵感就是从头脑里的烟雾生发出来的吧，再不就是烟雾自身飘摇形态的一种表现。

这样大的烟瘾，最后竟被忍痛戒掉了，全仗托拉斯神父的一句话。其烟瘾之大原本不亚于高迪的托拉斯神父，曾多次寻觅戒烟的伙伴，最后选中了高迪。一开始，托拉斯的提议被高迪断然拒绝："唯有这件事，我不能听神父的。"但最后还是被说服开始戒烟，并且两个人都取得成功。

浪漫情怀

　　如同建造圣家族教堂极为漫长的历程所具有的象征意义，教堂内存在的某种超越时空的"浪漫色彩"，也是高迪人气甚旺的秘密之一。然而，高迪建筑的浪漫主义表现并不局限于此。譬如，"龙"也是其中的一种表现手法。高迪在巴特罗之家的屋顶和古埃尔庄园的门扇等处都雕刻了龙的形象。古埃尔公园瓷砖拼成的小动物，也可称为广义的龙。虽然，这些形象千差万别，包括天主教的恶龙、古希腊神话的龙和东方类型的龙等，但为什么高迪最喜欢起源于东方的腾空之龙呢？或许因为空中腾飞的形象里蕴含的诸多想象、传说和神秘色彩都是浪漫表现的缘故。也就是说，高迪借助龙的形象，将"永恒的浪漫"情怀寄托在自己的作品中。

　　高迪建筑中浪漫主义的另一个来源是地中海。对于加泰罗尼亚人来说，地中海是母亲海，是圣母玛利亚的象征。因此，为了真正表现出加泰罗尼亚的特点，将地中海作为题材，也就不足为奇了。不过，并非仅此而已。高迪曾与在锡切斯结识的法国姑娘一起，面对着地中海日夜交谈，应该也是缘由之一。当时，高迪对深为地中海的美丽所感染的法国姑娘说："有机会的话，我要把这种美用建筑形式表现出来。"因此，这也是兑现自己的诺言。"米拉之家"的外墙是地中海的波涛，屋顶是白浪，阳台的栅栏是海草；"巴特罗之家"的外墙也是地中海的波涛，瓷砖则表现出阳光下闪烁的海面景象。尽管高迪已皈依上帝，抛却了内心的烦恼，可是潜藏在心底、难以割舍的唯一爱恋却一定会通过自己的作品投射出来。

固执的人

在高迪所处的时代，西班牙中央政府明文规定禁止使用加泰罗尼亚语。然而，高迪自 30 岁起，在一切场合都不说卡斯蒂利亚语（西班牙语），始终讲加泰罗尼亚语。用高迪的话说："加泰罗尼亚就是西班牙。"

即使在西班牙国王阿方索十三世参观圣家族教堂施工现场时，高迪照旧用加泰罗尼亚语进行讲解，这让国王的随从们气愤不已。所幸未受到国王的追究，那毕竟是个稍不留神就很容易丢掉性命的时代。

高迪还有过这样的经历：因像流浪汉那样跟跄走路而被警察叫住，询问他是做什么的。这时，他用加泰罗尼亚语回答："建筑师安东尼奥·高迪。"警察威胁他："如果不讲卡斯蒂利亚语，就把你关进监狱。"但是，他仍旧不肯屈服："加泰罗尼亚人讲加泰罗尼亚语，何罪之有！"结果还是被送进监狱关押了 4 小时，最后经学生们保释才得以出狱。

高迪投入一生心血的圣家族教堂，被人称颂为"加泰罗尼亚的丰碑"。这样的说法对热爱加泰罗尼亚更甚于常人的高迪来说，无异于最高的赞赏。

领导者

作为建筑师，高迪必须对自己众多的学生和手下工匠实行管理。那么，他到底是怎样与他们接触的呢？关于这个问题，高迪曾说过下面的话："领导者应该作出较大的牺牲。在弥补下级缺陷的同时，还必须交给他们正确的工作方法。"

高迪也经常同工匠们一道干体力活。不过，总的说来，施工过程是由

安东尼奥 · 高迪（晚年时）

工匠们自己掌握的。对下级自由发挥的理解、耐心听取别人意见时的豁达以及领导施工队伍的难度都从上面的话里集中体现出来。

在下级自由发挥的过程中，高迪还不断给予鼓励："很好。你做得非常好。"如将瓷砖破片的配色工作交给色彩感突出的胡霍尔；将抛物线拱的计算工作交给精于结构计算的贝伦格尔。并且，任由他们自行决定相关事务。还让后来做了毕加索弟子、成为画家的欧皮索承担画速写的任务。高迪所说的正确工作方法，系指多从积极的角度和因地制宜地考虑问题。高迪死后成为第三代神圣家族教堂建筑师的多明尼克·苏格拉内和第四代神圣家族教堂建筑师弗朗塞斯克·金塔纳等，都是在高迪的鼓励下成长起来的。他们在令人尊敬的高迪那里获得自信并成为其继承者。

1926 年 6 月 7 日，高迪在去做弥撒的路上被电车撞倒，三天后停止了呼吸。与高迪留下的"丧事从简"的遗言相反，整座城市为他举行了空前绝后的盛大葬礼。高迪专注执着的生活态度终于引起巴塞罗那市民的共鸣。

至今，学生们吟唱的颂歌像安眠曲一样，始终伴随着沉睡在大教堂地下的高迪。

客户是上帝

撰文：田泽耕

天主教会有个惯例，将殉教者和施行奇迹者称为"圣徒"，并作为信仰的对象。即便达不到"圣徒"的标准，但生前德高望重、堪称信众楷模者也可以被当作"贤人"来崇敬。圣徒和贤人的命名，必须履行规定程序，由罗马教廷颁发证书。

1992 年，以圣家族教堂的主祭路易斯·布内特为核心，成立了"高迪入贤促进协会"。成立该协会的目的，是要使高迪进入"贤人"之列。协会认真地搜集高迪同时代人的证言之类的证据，向罗马教廷递交了申请。申请通过了西班牙国内天主教会的预审，据说已为罗马教廷受理，已开始对其做进一步的审查。或许，离"贤人高迪"诞生的日子也不遥远了。

晚年的高迪非常自信，不管做什么，都没有丝毫迟疑。特别是在搬到圣家族教堂施工现场内居住、将所有精力都集中在教堂建设上之后，简直天天过着"圣徒那样"清贫的生活。1926 年 6 月 7 日被电车撞成致命伤的那一次，也是高迪在参加圣费利佩内里教堂晚间弥撒后归途上发生的事。

与高迪人生经历有关的资料，留存下来的很少。因此，每个传记作者所描绘的高迪形象也不尽相同。尤其对于青年高迪的描写，几乎无一例外地表现出这样的倾向：将重点放在与后来"非常自信的高迪"的戏剧性对比上，突出了一个"不自信的青年高迪"的形象，甚至将其描绘成嘲笑宗教仪式的无政府主义者和同性恋者等。

的确，年轻时的高迪随着事业的发展和名气的增长，总是穿着上等的服饰和喜爱各种美味佳肴。有些得意忘形的年轻人即使曾嘲笑过虔诚信众们的宗教仪式，那也不能成为他对基本信仰表示怀疑的决定性证据。称高迪为"无政府主义者"的根据，不过指他参与了马塔罗市联合工会的设计，该项目的雇主萨尔巴德·帕杰斯是个无政府主义者而已。至于所谓"同性恋者"系指高迪终身未娶，这简直是毫无根据的无聊之词。

其实，要驳倒这些指责并不难。譬如，仅举出1883年刚刚而立之年的高迪就受托承接圣家族教堂工程的例子就足够了。教堂工程的雇主是名为圣约瑟协会的信徒组织。该协会是由虔诚无比的狂热信徒们组织起来的，建造这样一座作为他们活动根据地的教堂，没有理由交给一个宗教信仰不坚定的建筑师；可是有一种说法流传甚广：协会代表博卡佩利在睡梦中看到上帝站在自己床边，向他宣示："建造这座教堂的建筑师必须是蓝眼珠的人。"（高迪虽是伊比利亚半岛人，却生着一双少见而又好看的碧眼）。无论信徒们怎样狂热，高迪毕竟不是中世纪时代的人，还无法理解这一切。年轻时的高迪，在宗教信仰上或许不像后来那样坚定，但至少在狂热的信徒们看来还是及格的。

众所周知，高迪作品多与宗教有关。圣家族教堂就不要说了，还有阿斯托加主教宫、圣特雷莎学院和古埃尔领地教堂等。即使从一些非宗教建筑上，也可以发现很多宗教元素。

其中具有代表性的作品是位于巴塞罗那格拉西亚大街的米拉之家。实际上，这座建筑物并未完成。得出这一结论的理由，是原定作为圣母玛利亚塑像台座的建筑主体上面，至今也没有安放塑像。由于当时掀起一阵反教会的暴动风潮，因此这样的配置被感到十分恐惧的雇主拒绝了。除此之外，坐落在同一条街上的巴特罗之家屋顶装饰塔尖的十字架上，

阿斯托加主教官

则清晰地显露出"耶稣、玛利亚、约瑟"等几个字。在古埃尔公园，不仅亭子里安放着十字架，而且在园路两侧地面埋入几个大石球，象征圣母的念珠。在贝列斯夸尔德（Tome Bellesguard，又名"美景屋"编者注）别墅的入口处，则刻有"无罪受孕的圣母玛利亚"之类的文字……

由以上事例可以看出，高迪利用这些形式已在自己的作品中明确地表白了自己的信仰。不过，更恰当的说法应该是，高迪一直通过工作与上帝接触，并逐渐加深自己的信仰。而且，还将这些宗教元素打上了个人皈依过程的印记。

高迪说："建筑不是我造的，是我抄写出来的。"众所周知，高迪总要事先做严密的结构实验，在得出合理计算结果的基础上，才开始着手设计建筑。高迪肯定还意识到，他追求的是那种为合理结构所支撑的美。就像他经常说的，他所追求的一切全都存在于自然界中。无论是他呕心沥血作出的设计，还是千辛万苦造出的建筑，都不及自然界中的一点点碎片。除了上帝，没有人能创造出如此完美的东西。"我不过是在模仿自然而已！"从这一点，亦可看出高迪诚实的心境。

高迪死后不久，一位名叫托雷斯的神职人员在悼念仪式上将高迪称为"上帝的建筑师"。当然，他之所以这样说，并不完全基于高迪曾参与建造教堂的具体事实。也说明，高迪在全心全意致力于教堂建设的过程中，时时与上帝接触，不仅在完美的建筑前谦虚地低下自己的头，而且还加深了对上帝的信仰，从而表现出应有的生活态度。

高迪是位有信仰的建筑师，这种信仰超越了形式，其意义与人生密切相关。将这样的人物作为基督徒的模范称为"贤人"，或许也符合宗教制度倡导的精神。

第3章

装饰与设计

再现真实形态的建筑师

撰文：入江正之

　　到了晚年，高迪搬出古埃尔公园内的那座蔷薇色房子，迁入圣家族教堂现场居住，偶尔住在一起的父亲和外甥女罗莎也相继离开人世。平时，他经常一个人走出工作室，从老城的彼斯贝街进入圣费利佩内里教堂，参加晨间弥撒。他浑身上下总是着素朴的黑色服装，已不再注意自己的衣着打扮。高迪对圣母玛利亚的信仰，至死都没有动摇。矗立在米拉之家檐口的圣母玛利亚塑像和象征天使的鸽子群雕，还有古埃尔公园内的雕塑等都证明了这一点。对于加泰罗尼亚人来说，蒙特塞拉特（Montserrat）也是信仰的对象，高迪曾不止一次地带着家人、朋友和手下的工匠来到这里。这里就是他心中的圣地。在对来访者解说时，高迪总是强调，圣家族教堂诞生之门的立面形态也与蒙特塞拉特有关。理由在于，蒙特塞拉特山仿佛在供奉着黑衣圣母一样，是信仰玛利亚的圣地。

　　曾利用速写记录高迪一生的画家欧皮索，在他留下的一幅画中，描绘了1894年四旬斋期间因过度绝食而极端衰弱的高迪被助手们在迪普塔西翁大街住所的房间里发现时的情景。为高迪敬仰的阿斯托加主教古拉夫去世时，他赶去参加了葬礼，并将尚未完工的主教宫工程承接过来，后来也成为高迪的代表作之一。那正是与丹吉尔（摩洛哥历史名城，位于非洲西北角——译者注）的弗朗塞斯克会总部商讨工程项目的时候。由此可以说明，内心始终如一的坚定信仰，成为高迪精神生活的强大动力。

　　高迪曾说过："不应将清贫与悲惨混为一谈。清贫可将人引向美和高雅，

圣家族教堂/诞生之门（细部）

富足则会将人带入奢华和纠结，就不再是美的了。"对于求道者的高迪来说，建筑是艺术，"艺术是美，美就是真实的闪光。"在他从事建筑的一生中，似乎始终坚守了上面的信条。从他对作品所采用的两种创作方法，我们便可明显地看到这一点。

一是古埃尔领地教堂。众所周知，为了建造这座教堂，高迪先用挂着内装铅丸的小布袋的麻绳，制作成倒垂模型，然后再按照模型进行设计。这座教堂的造型作为"真实的"形态，应该是由流畅的示力曲线原封不动构成的形态。制作这样的模型是十分困难的事。只要立柱或拱等任意一处改变，就不单单是个局部变更的问题，而需要从整体上考虑如何使示力曲线流畅。助手们每次改变麻绳位置，都要在麻绳上重新悬挂铅丸袋。当修正作业到达中央位置时，如果手够不到的话，为了能够钻入适当的位置，则不得不解开外侧的绳索或链条，修正结束后还必须再将外侧悬垂曲线的形态复原。按照高迪研究者巴色哥达的说法，这样制作的模型，只要用一根手指轻轻压一下，直径4米、如巨大蜘蛛网一样的整个模型都会摇摆。其示力曲线总体分布的合理性已达到极致，由此亦可看出高迪的创作态度十分严谨。

另一个是圣家族教堂诞生之门上装饰性雕刻的制作方法。就说天使塑像吧。高迪先用金属制成塑像的骨架，接着琢磨塑像的表情和姿态，然后再与医学解剖用骨骼进行对比确认，最后使用金属线制成大于原尺寸的初样。而且，还将用金属线缠在真人身上制成的轮廓放在镜子前拍照，这个金属线轮廓就是制作塑像初样的依据。至于塑像的大小，是由距离与视点、内部与外部的所在位置以及其象征位阶的高低决定的，在实际制作时则依靠浇注用石膏模型。塑像中的人物尽可能制成裸身，然后再给其围上粗布或稍细密的布。在完成对衣着皱褶的研究之后，再利用浇注的石膏依次将其固定。毛发则采用浸入石膏的麻制成，被风掀起的头发是用金属线定型的。另外，以此为基准，分别复制成四分之一比例尺和原尺寸的黏土铸型，浇注石膏后将用于石雕的石膏像从黏土型中剖出，切断多余的部分。将浇注成的石膏模型放在预定位置，通过变换照明和调整距离以及建筑和装饰营造出的氛围，对模型加以修整。此外，人在仰视时雕像会变小，要综合平衡各种因素，以修正可能造成的视觉变形。最后，再以石膏模型作为样板，对已经粗加工过的石块做进一步的修整，直至完成为止。

由以上叙述可知，每座雕像的制作都是从相当于建筑结构的骨架开始的，首先要制作模型，再经过脱模，然后才逐渐成形。

在这个过程中，其他人不能随意对作者进行干扰。"艺术是美"的思想已深深扎根在高迪的脑海里。对于高迪来说，建造一座大教堂与制作一尊雕像没有任何本质上的区别。

弗朗塞斯克传教会设施（设计方案）

树林状的空间

撰文：下村纯一

近 20 年来，人们开始在家周围的绿荫路上享受散步的乐趣。石神井川（从东京都市区穿过的一条河流——译者注）的支流已改为暗渠，那里营造出的生态环境，使其成了一条散步道。原来栽植在小河两岸的樱树，如今说不定已变成整齐的一隅，到了春天，开满美丽花朵的樱树就像张开的伞一样。夏季里，繁茂的枝叶形成绿荫；到了冬天，光秃秃的枝条像蛛网一样相互缠绕着伸向空中，让我们欣赏到自然的蕾丝图案。

或许某一天，当你站在鲜花盛开的樱树前，会突然想到一个问题，眼前的这些树是不是自然界中唯一能够依靠自己的身体和力量构筑出空间来的呢？随着这些树木一天天长大，逐渐会在其下面扩散成一个被称为绿荫的空间。说起来，这岂不就是建筑设计参照的原型吗！可供我们纳凉避雨的绿荫，简直就像神社的屋檐一样。

学生时代喜欢读法国哲学家加斯东·巴什拉（Gaston Bachelard，1884-1962 年，法国哲学家、科学家和诗人。著有《梦想的诗学》和《火的精神分析》等——译者注）的著作，偶尔想起他关于树木说过的那些饶有兴趣的话，就会把书找来重新读一遍。巴什拉将许多诗人描绘过的树木形象概括成一个词：劳动。即是说，相对于成长，劳作着的生命才是最具植物本质特征的形象。树干朝着空中缓慢伸展，逐渐变得枝繁叶茂。与此同时，树根为了能够支撑越来越高大的躯体，默默向大地深处扎下去。在诗人的眼里，这样的姿态与世人为了生存而辛苦劳作毫无二致，也是一种可称为劳动的美好形象。而且，在高迪建筑中，类似树木的生命形象几乎无处不在。高迪使用的建筑材料是砖和石。这不同于按照事先确定长度制成梁和柱而使用的钢铁或木材。砖要一块块地仔细堆砌上去，否则就不能形成作为建筑骨架的结构。要想将类似肌肉的墙壁贴在骨架上营造出空间，则必须再将这样的堆砌行为继续下去。与圣家族教堂一样，始终未完工的古埃尔领地教堂，由于仍保持着施工中的状态，所表现出的树木形象愈加鲜明。

这座教堂有一半儿埋入地下，从远处望去，就像一个跪拜着的人。粗糙低矮的砖砌墙壁向两边伸展，凹凸不平的墙面上镶嵌着几扇彩绘玻璃窗，如同人张开的口。

礼拜堂周围是松林。走近去看，砖墙粗糙的质地被放大成特写后，简直同松树皮一模一样。在正面入口处，出现一个门廊式的外部空间。倾斜而立的玄武岩和砖砌柱的上部，多条扩散开来的砖砌小树枝直抵顶棚。竣工后，这个顶棚则成为支撑古埃尔领地教堂中殿的楼板。因此，顶棚采用了坚固的石砌结构。可以说，教堂中殿植根于此，这就是教堂的地基。

高迪采用的结构，未做任何装饰性处理，表面本该贴点儿什么的墙壁也保持砌筑后的状态，就像冬天里光秃秃的树木。甚至连一根垂直的立柱都见不到，这是因为高迪设计的拱结构，采用了不靠横支架便可独自立起的抛物线形态的缘故。并且高迪也发现，自然界的树木因受风吹和日照的影响多少都会有些倾斜。树木为了成长，都会让自身下部组织具有足够的强度，以支撑不断伸展的枝条。而且，只要朝左伸出一根枝条，就会相应地再朝右伸出一根枝条，始终处于平衡状态。如此生长的大树形象，恰好与圣家族教堂未完成的姿态相吻合。其实，许多已经完成的高迪作品，那些被美观的马赛克覆盖的砖砌结构，也有着同样的形态。

大文豪歌德在其 1838 年出版的自然科学论著《植物变形记》一书中，

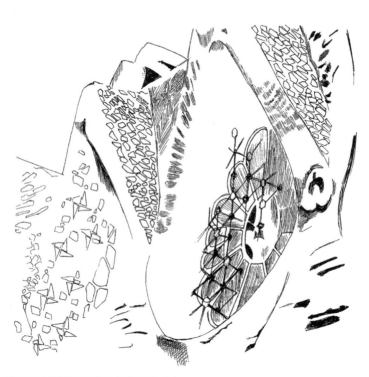

古埃尔领地教堂地下礼拜堂/外墙和彩绘玻璃

曾披露了通过观察植物所发现的有趣现象。歌德认为植物体是具有垂直和螺旋两种有机结构的生命体，两种结构的统一将使其发生变态。亦可将垂直的结构形容为，生命要使植物体持续存在下去的一种努力形式。反之，螺旋结构则是以在增殖变化的部位快速僵化和消亡的形式支持植物体的存在。

说不定就是这些论述，给了喜欢读歌德著作的高迪以决定性的影响。从幼年时代起便对自然感到特别亲切的高迪，长大后又站在建筑师的角度重新观察自然界的树木。高迪通过观察，肯定越发确信：抛物线拱既然是由展开的主干和立柱组成的结构，就如同树木营造出的绿荫空间，能够给人们带来安适感。

此外，螺旋结构亦见于高迪的所有作品；而且从整体到细部，螺旋形态都成为基本造型。圣家族教堂的钟塔，简直就像自地里钻出的一棵植物嫩芽扭曲着伸向空中。在古埃尔公园的门房屋顶上，立着一根双重螺旋状的烟囱。就连遍布米拉之家屋顶的小烟囱，其高度的四分之一也呈螺旋状。

植物性生命的形态是在增殖和硬化同步进行的过程中展现出来的，模拟该形态作建筑设计的高迪，不会只满足于立起一根柱子。为了要表现立柱和钟塔具有自身拔地而起的能力，还在造型上采用了大小不同的各种螺旋。在贝列斯夸尔德（Bellesguard）别墅，支承底层画廊的是表面贴有石片马赛克的立柱，全部立柱的中央四分之一外都呈扭曲状。设计成扭曲造型，并不是为了让人感到夸张；扭转身躯的造型，正是立柱竭尽全力承受荷载的表现。

高迪不是在照搬自然，他只是将自然作为母题，压根就没想将其作为一种花哨的装饰用在空间上。高迪对自然的树木有种亲切感，因为这些树木是可以依靠自身在大地上构筑出空间的绝无仅有的生物。这种植物性生命的奥秘，让高迪十分着迷。

高迪设计问世前夕

早期作品表现出的设计手法和折中主义理念

撰文：田中裕也

在雷乌斯的萨尔瓦多·比拉塞卡博物馆（Salvador Vilaseca Museum），至今仍保存着高迪的手记。高迪在手记里写有这样的话："装饰必须能让人联想到诗意的理念。装饰就是历史、传说、跃动、象征和寓于人们生活中的故事等的一种表现形式，包括对自然的尊重……"这些话充分说明，高迪重视在日常生活中观察自然现象，而观察的结果又在他以后的建筑和艺术实践中发挥了很大作用。

这种诗意的、同时又具传说色彩的理念，最早被用于巴塞罗那皇家广场的街灯设计上，那是 1878 年由巴塞罗那市政厅委托的项目。设计的煤气街灯与当时欧洲其他城市一样，采用了象征"繁荣与和平"的水星（拉丁文 Mercurius ——原注）造型，但以六根铸铁臂作为灯柱的装饰。看上去，就像古希腊神话中宙斯的信使赫尔墨斯：头戴太阳帽，脚穿带翼的飞鞋，手里握着节杖。

从高迪的作品里，不仅可以看到古希腊罗马神话中的形象，《圣经》中的主题更是随处可见。

1885 年建成于西班牙北部科米利亚斯（Comillias）的随性居则采用了折中主义样式，并同样以文森之家使用过的浮雕葵花叶瓷砖进行装饰。可称为伊斯兰样式象征的尖塔（Minaret）矗立在由四根罗马柱支撑着的门廊上部，被当作眺望街景的设施。里面的阶梯，采用了与法国哥特式

随性居——奇想屋

建筑和圣家族教堂类似的木制螺旋阶梯设计。由此可以看出，当时的高迪尚处于模仿阶段。

高迪以神话为主题的另一件作品是 1887 年建成的古埃尔庄园。这块面积 39468 平方米的地方，在人们看来，就是一座以古希腊神话"金苹果园"为主题的田园都市。不过，高迪使用橙木来刻画神话中金苹果的做法却很耐人寻味。此外，作为建筑改革的一个尝试，高迪以红砖与瓷砖组合，并以穆德哈尔样式作为基础，采用传统工艺中的天然干燥砖坯砌筑土墙，然后再将预制的鳞状瓷砖贴在土墙表面上，天窗屋顶部分则使用瓷砖破片进行装饰。这样，既可说是高迪独创，也可称为废物利用起源的一座"生态建筑"便诞生了。

最早让人感到诗意元素十分突出的折中主义建筑，是 1888 年建成的文森之家。这个项目的总体设计，是利用陶瓷和铸铁格栅来表现曾生长在施工现场的摩洛哥石竹和棕榈树，使用砖和砌石仿造一座伊斯兰式的建筑。并且，客厅从墙壁到顶棚都布满了动植物浮雕和绘画，书写着波斯语铭文的灯罩、吸烟室以及东方装饰的地下娱乐室等更体现出模仿自然的效果和折中主义风格。在东南侧飘窗的出檐上，镌刻着"太阳啊，寒冷时你为我升起吧！"这样的诗句。

折中主义建筑的集大成者，应该是 1889 年建成的古埃尔宫，它坐落在巴塞罗那的兰布拉大街上。在高迪的作品中，这是一座使用了最昂贵材料的新哥特式豪华建筑。在主层三楼的客厅前室，有回廊式的列柱，全部以伊斯兰柱形构筑成抛物线拱。客厅穹顶上排列的六角形气孔，让人想到伊斯兰建筑中的浴室顶棚。

说到折中主义建筑，还不该漏掉 1890 年建成的圣特蕾莎学院。作为跛足卡尔文会 [因其创办者圣依纳爵·罗耀拉（Ignatius Loycla）出身行伍、曾在作战时受伤跛足而得名。通称耶稣会——译者注] 修女宿舍和学校兼用的建筑，在设计上完全摒弃了穆德哈尔样式。其实，当高迪从业主恩里克·奥索神父那里接受委托时，工程已经在进行中；他又重新将其改成穆德哈尔式与新哥特式相融合的折中主义建筑。不仅如此，他还在类似苏丹风格的屋顶护墙和锯齿垛口上排列着神父四角帽状装饰，表现出建筑上和宗教上的折中主义色彩。

另外，作为融入了法国哥特式元素的折中主义样式，还可以举出 1892 年设计的波得格斯住宅。业主费尔南德斯·安德列斯在与占埃尔做坯布生意时，结识了建筑师高迪。我们知道，倡导"科学可由经验获得"的高迪，每天反复进行机械式的作业来提高自己的技术水准，并由此找到打开疑难之门的钥匙。为此，他与技巧娴熟的工匠们一起劳动。在考虑到里昂的气象条件之后，高迪提前在巴塞罗那准备好建筑工程所需要的全部材料。由于采取了以上措施，才使整个工程仅用 10 个月便得以完成。其中，灰色的天然石板瓦屋顶和烟囱表现出法国哥特样式的特征，开口部与随性居和巴特罗之家一样设计成木板百叶窗。基础四周的侧沟既可使自然光投入室内，也能成为便于通风换气的双重结构。

还有 1893 年设计的阿斯托加主教宫，采用了与此相同的施工方法。在 1888 年 12 月 23 日主教宫发生火灾之后，当时在这里任职的约翰·格劳主教便将重建的规划设计委托给了自己的同乡高迪。1889 年 6 月 24 日打下第一块基石，随后施工全面展开。然而，1893 年 9 月 2 日，格劳主教却死在布道的塔巴拉（萨莫拉）。主教一死，主教宫内部开始分裂，高迪亦随即辞掉了重建主教宫的工作。已建完的主教宫内顶部尖拱，采用了在维奥莱 - 勒 - 迪克的著作《法国 11 至 16 世纪建筑全书》中讲过的独特的哥特样式，并以红砖砌成象征性的开口部。整栋建筑主体均由花岗

波得格斯住宅

石砌筑而成。此后，又有几位建筑师相继接手这一工程，但最终由建筑师里卡多·加西亚·格塔（Ricardo Garcia Guetta）将其完成。

几个世纪过去了，经过反复的模仿和折中，作为一种成熟建筑形式已过渡到高迪样式（高迪主义）的标志，应该是1898–1900年建造的卡佛之家。这座由纺织巨头贝尔·马提尔·卡尔贝特委托高迪建造的住宅，是用来送给自己兄弟的。接受委托后，首先由高迪的助手弗朗塞斯克·贝伦格尔绘制出草图，并于1898年3月29日提交了设计方案。这座建在面积63754平方米用地上的住宅，其大井内排列着巴洛克式的所罗门柱，并有作为装饰的穹顶，里面的楼梯也使空间显得更为宽敞。此外，还设有回廊式的开口部、用主人钟情的植物主题点缀的庭院以及利用古希腊罗马神话中象征"丰饶富足"的聚宝盆为宅邸祈福的讲坛等。尤其是最具高迪特色、作为主人徽记装饰在山墙檐头上被铁斧砍头的圣徒马丁形象、外墙表面的砌石和天井内的立柱，都与象征纺织业的织梭类似。在1901年巴塞罗那市的优秀建筑评选中，该项目获得建筑奖第一名。

如同我们通过这一系列建筑作品看到的，高迪从装饰的需要出发，使用的棕榈和椰树以及古希腊罗马神话的主题，也被作为地中海的象征，并给以后的作品贴上了独特的标记。再进一步，我们则从他的学生贝伦格斯"虽然机械性的反复肯定不会出错，但是过分相信这一点将失去自我"的谈话，也可窥见高迪特有的、完全依赖经验主义的一个侧面。作为一种在融入环境的同时实现单纯目标的手法，似乎始终追求着"样式的统一"。在探索样式的过程中，植根于经验的传统技艺逐渐娴熟，通过反复的试错和改进，形成了高迪特有的风格。

隐藏在立面后的十二星座

以神话和传说作为隐喻的建筑

撰文：田中裕也

高迪的建筑真实地表现了人们熟悉的动植物主题。这种对自然感恩并与自然共存的创作理念表达方式，也可从高迪的谈话和作品的细节得到印证。

在高迪留下的 1873 – 1879 年的手记中，有下面一段文字：

"至于装饰，应该让人产生富有诗意的联想。装饰的目的在于，表现人类生活中那些具有历史的、传说的、生动的、象征性意义的隐喻，包括各种突变和苦难等。并且，还能够在尊重自然的前提下表现动物、植物和土地风貌。艺术跟随着太阳系，也是必须敬畏的万能之神。包容它的独特性，将这些生物作为祭品用以建造教堂，并非我们的目的。建造教堂，也不是为了模仿某个光辉的时代去献身流血。教堂只是个可以嗅到圣香的地方。它不是通过我们的语言，而是通过再现生物的塑性形态来表现的。是一种作为时代追忆的恰当表现形式。"

上述内容，不仅与自然产生关联，也涉及地域性、创作理念和教堂的定位问题。

在圣家族教堂的诞生之门上，高迪刻画了天使加百列的形象并表现了告知圣母受孕的情景。坐落在教堂上部的拱顶，自右至左依次排列着白羊座、金牛座、双子座、巨蟹座、狮子座和处女座等黄道十二星座中的六个星座。根据圣家族教堂的工程年表，这些都是于 1898 年至 1899 年

巴特罗之家

先在现场按照模型尺寸制好，然后临时摆放起来，直到 1900 – 1901 年才最终完成。在同一时期，巴特罗之家的计划也开始实施，工程一直持续到 1906 年。巴特罗之家是由纺织厂主何塞普·巴特罗委托的一项改扩建工程。其标准层的外墙部分仍利用原有外墙，作为一种改造手法，高迪在墙的表面贴了瓷砖和玻璃的破片。

在建筑的各扇窗上，均设有面具似的阳台；其原尺寸模型是在圣家族教堂的模型室里制作的。

但是，由于六层中央两处没有设置阳台，因此像面具一样的阳台便只有 8 个（而且因其中一个设计有误，故亦可理解为 7 个）。加之屋顶上鳞状的葺瓦酷似爬虫类动物的背骨，由此让人想到在《圣经·启示录》第 12 章中出现的 7 头 10 角大红龙。

另外还会注意到，立面外墙在一道道 10 厘米 – 30 厘米的条状范围内，贴满大小 8 种规格的陶瓷片。咋看上去会让人觉得像水泡泡；进而仔细琢磨这究竟意味着什么，会让人猛然想到古埃尔庄园门上装饰的锻铁飞龙。

巴特罗之家所在的位置，当时是远离巴塞罗那市区的一片荒地。就是在这里，高迪接受了保护人古埃尔的委托，为其建造一座庄园（1884 – 1887 年）。如今，这一带遍布高级住宅和高等院校，已经成为巴塞罗那市屈指可数的居住区。1950 年前后，大学被吸引到这里，古埃尔家将庄园用地的四分之三卖给了大学。最后，庄园墅用地只剩下约 8000 平方米。

可以说，古埃尔庄园所具有的浓厚神话色彩，使其成为充分体现高迪建筑理念的场所。系在橙树上的飞龙，盘旋在可容纳 12 匹马的马厩、驯马场和门房之间，朝着来访的人们张开大口，分叉的龙舌向上翻卷，简直就像动画影片中的怪物一样。开启铁门时发出的咯吱咯吱金属声，会让人联想到飞龙的吼叫，使人们印象愈加深刻。一般的看法，是钦龙的造型出自两个故事。

其一，是象征加泰罗尼亚的保护神圣乔治帮助公主制服恶龙的传说。自 15 世纪中期以来，这样的故事一直流传。如今，每年的 4 月 23 日仍是加泰罗尼亚最重要的节日，以纪念圣乔治。在高迪作品中，被认为最具活力的建筑巴特罗之家，制服恶龙的故事就是总体设计的主题。局部设计上类似恶龙面具的阳台、鳞状茸瓦的屋顶以及看上去像张开大口的讲坛一样的断头台窗；而在像要抓破一层外墙的动物脚掌似的间柱及伫立在二层大窗两侧的腿骨形间柱上，甚至还有植物缠绕着。亦即，如果将立体十字塔看作圣乔治手中的剑，整座建筑便成了剑刺入恶龙躯体的形象。讲坛似的大窗犹如痛苦的恶龙挣扎时张开的大口，可窥见口中现出的双层旋涡状顶棚，那岂不就是恶龙的上颚吗！

随便提一下，与巴特罗之家毗邻、由现代主义建筑师布依·卡达法尔契建于 19 世纪末的亚曼特耶尔之家，其入口处的拱也同样采用雕塑形式展现出圣乔治制服恶龙的场面。以这样的恶龙作为主题的艺术，已经渗入到加泰罗尼亚地区的日常生活中。

其二，是在古希腊神话赫拉克勒斯冒险中守卫苹果园的巨龙。故事的结局是巨龙败给赫拉克勒斯，没有看住金苹果，最后变成了星座。观察黄道十二宫就会发现，成为小熊星座尾尖的北极星与旁边的巨龙脚下确实构成了一定的配置关系。

根据高迪手记的记载，他的建筑的确是由故事和神话交织而成的。其中，希腊神话有关被转化成星座的说法尤其耐人寻味。

圣家族教堂诞生之门上的十二宫装饰以及同时设计的巴特罗之家，或许可以看作对同一故事抽象的结果，相当于扩大了星座图，将其配置移

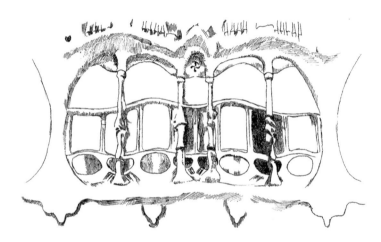

巴特罗之家/主层客厅的讲坛似大窗

到巴特罗之家的外墙上。于是，在中央上部的山墙表面，沿着扶手的曲线排列着 3 只直径 30 厘米的器皿，自左至右分别代表着天秤座、天蝎座和射手座。由此则可意识到，那下面要表现的，应该是赫拉克勒斯骑在巨龙身上的场面；而且，又恰好被安排在没有阳台的地方。当然，如果这里有阳台的话，就不会引起人们的关注了。亦即，此处因缺少两个阳台而使墙面变得更加突出的效果被充分利用。

遗憾的是，在高迪的文字和谈话中并未涉及黄道十二宫的内容。不过，或许正因为没有说出来，那种隐喻的神秘性才更容易引起人们的兴趣。

外星人的椅子

高迪亲手制作的家具

撰文：横山正

　　我坐在卡罗·莫利诺（Cavlo Mdlino 1905–1973 年）设计的椅子上。这位晚出生半个世纪的意大利怪才恰好与禁欲的高迪相反，非常喜欢女色，其设计的品位也与高迪完全不同。然而，他们却有一个共同点：对人体表面的线条异常关注，并将其作为家具设计的基准。结果，莫利诺的椅子也与高迪的椅子一样，呈现出活泼的曲线，以与人坐下后的体形吻合。有趣的是，与高迪使用橡木制作椅子不同，莫利诺使用的是枫木，这一点也充分体现了各自的风格。由此，我想是否可以对两个人在作品上的关联性作进一步的探讨。莫利诺对高迪的木制椅子特别感兴趣，他在 1949 年为奥雷格诺住宅设计的一把椅子其实就是高迪椅子的翻版。那靠背两侧外张的造型令人想到斗牛士的帽子和公牛的角。甚至出于敬意，莫利诺还特意刻上了高迪的名字。

　　在高迪设计的家具中，后来明显成为高迪建筑新走向标志的，当属摆放在卡佛之家内的家具。虽然使用锦缎类豪华织物包裹的椅子，与古埃尔宫里见到的完全一样；可是，书房、办公室和餐厅等处的家具，则呈现出截然不同的风格，与过去设计的各种样式彻底割裂开来。此前曾在古埃尔宫见过的梳妆台，算得上一件有趣的家具；但在卡佛之家，却解构了梳妆台的固有概念，再重新将其要素作不均衡的组合。从这一点，不仅可以充分看出高迪的才能，而且高迪的作品也无愧于他所生活的时代。

为卡佛之家设计的绮丽的雕花座椅（上）和雕花长椅（下）

新制作的椅子系列，每一件都成为一个有机体，宛如来自未知星球上的造访者，以崭新的姿态出现在我们面前。高迪椅子的原型，或许就出自过去平民生活中素朴的日用品，是我们身边习以为常的物件。可是，高迪运用自己的才能，却使其变成富有生命的存在。使这一系列延续下去的，还有巴特罗之家。如我们见到的，巴特罗之家内长椅优雅的造型，其完美的程度简直无可挑剔。

同样被高迪的椅子作品所吸引的里卡尔多·达利西（Riccardo Dalisi），对这些作品作了细致的分析，然后再试着进行重构。在其所写的一本书（日译本《ガウディの家具とデザイン》A.D.A.EDITA Tokyo 1981 年——原注；原著：Gaudí, Furniture & Object——编者注）中，提到了巴特罗之家常年使用圆椅的经历。他说圆椅像是有生命的，酷似一头足踏地面的牛犊；用肉眼看上去，椅座表面厚度的细微变化，更是超出想象。试着坐一坐，则有一种几乎察觉不到的轻微动感，连续不断变化的形态显得很微妙，扶手和靠背也与人的体形自然吻合。但应该指出，这单靠眼睛看是不行的，必须要用手摸才能知道。而且，这样的椅子所流露出的新的设计倾向，尚未出现在卡佛之家的室内布局中。可是，类似的表现手法却在巴特罗之家的门窗设计上和楼梯扶手等处开始使用。并且，包括米拉之家在内，这样的表现手法甚至被用来覆盖建筑物的立面。由此引申开来，可自由组合的家具出现的最早征兆就在高迪设计的住宅建筑中。得出这样的结论，肯定没什么大错。

以前，曾有幸在上海同济大学已故的陈从周先生那里见到一张中国明代的桌子，其完美的比例给我留下十分深刻的印象，并想起陈先生当时对我说过的话："请一定要放低目光来看，这才是真正的建筑。"高迪为巴特罗之家设计的长椅简直就像有生命一样，也是一座完整坚固的"建筑物"。

为古埃尔宫设计的梳妆台

高迪住宅简洁明快的装饰细部

贝列斯夸尔德住户访谈

一般说来，作为文化遗产和观光名胜，高迪建筑大多都向公众开放。比较幸运的，是现在这些建筑仍有人居住。并且，不都是米拉之家那样的公寓格局，而是由一家独占一件高迪作品。我访问了有幸住在高迪建筑里的马塞尔一家，向他们了解生活在这里的切身感受。

高迪中期的杰出作品贝列斯夸尔德坐落在一块高地上，那里靠近巴塞罗那市区北部的科尔赛罗拉山，是眺望市内街道和地中海的好去处。因此，被冠以"美景屋"（Bellesguard）的名称。这片广阔的土地曾为加泰罗尼亚王朝末代君主夏宫所占，高迪建造的住宅目前住着一个六口之家：主人马塞尔·加戈·利兹、夫人罗莎、儿子巴维尔和比克多尔以及罗莎的父亲路易斯和母亲阿梅丽阿。从家庭成员的回忆中，可以深刻感受到他们享受每一天的生活。

西班牙内战结束后，罗莎的祖父路易斯·吉雷拉·毛拉斯于1937年买下一家正在开业的妇科医院，自他去世后的1970年起便成为这个家庭成员的罗莎说："最令人感到惬意的一点，是所有房间都能射进阳光。宽阔的天棚配上细长的窗子，确保了良好的采光。"哥特样式的厚重外观与明亮的室内空间形成强烈反差；令人奇怪的现象，是即使夏天不开窗也可耐住暑热。"这是因为，除了每个房间都设有不同的通风换气装置外，厚厚的石墙也阻隔了外气侵入的缘故。因此，房间内冬暖夏凉。"大量使用石材，以营造出内部舒适度；外部的石材则起到装饰作用。这一点，也体现了高迪对传统的坚守。阿梅丽阿说："门厅的拱顶周围部分没有使用染色的石材，而是由特意收集的各种颜色石块砌筑成的。由此也可看出高迪本质上的匠人做派。如今还有人会采用这种麻烦的手工方式来营造豪华效果吗？"在门厅两侧摆放的长椅，表面也贴满了浸润着鲜艳色彩的碎瓷片。如此一来，由高迪设计的每个细节、包括整个内部空间都给这个家庭的生活带来闲适感。当问到这座房子究竟有多少房间时，"这个嘛，还真没有数过。"罗莎回答。在这样的空间里，"太喜欢捉迷藏了！"假如看到孩子们欢闹的样子，高迪也一定很高兴。

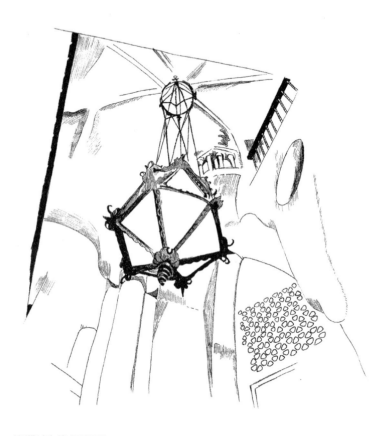

贝列斯夸尔德/门厅仰视

第4章　地中海和加泰罗尼亚

传递给加泰罗尼亚的声音

加泰罗尼亚、现代主义、高迪

撰文：入江正之

加泰罗尼亚建国前的简短故事

传说中，一直以各种形式相互融合的原住民和古罗马人后裔，在萨拉逊人（欧洲人对中古时代阿拉伯人的蔑称——译者注）的驱赶下，被迫来到比利牛斯山北麓。这是一个有着茂密森林和丰美水草的地方，他们依托自然条件辛苦劳作，过着艰难的日子，终于诞生了加泰罗尼亚民族和国家。传说只能给人这样的印象：以加泰罗尼亚语作为母语的人们对其他地区或者对中世纪、包括对祖国都有着强烈的向往。我想，如果没有这个传说，加泰罗尼亚的现代史也就无法解释了。加泰罗尼亚的首府巴塞罗那，虽然系自中世纪的巴塞罗那伯爵领地时代延续下来，但人们常常将其与西班牙首都马德里进行对比。后者以卡斯蒂利亚 – 莱昂王国作为背景，历史上长期与加泰罗尼亚阿拉贡王国进行角逐，并且不断被卷入欧洲列强诸国、哈布斯堡王朝与波旁王朝的战争。因此，捍卫民族、国家、语言和文化总体的意识越发强烈。加泰罗尼亚阿拉贡王国在经历了长期的苦难之后，到了 11 世纪至 15 世纪开始将地中海视为内湖，并以国家的日益繁荣昌盛为自豪。王国取得的荣耀，进一步强化了加泰罗尼亚人向中世纪回归和重新崛起的意愿。唯其如此，这种伺机待发的热切期待，到了现代更是有增无减。

古埃尔宫

19世纪的加泰罗尼亚和加泰罗尼亚的文艺复兴

巴塞罗那以及塔拉萨、萨巴蒂尔、马塔罗和曼雷萨等卫星城从18世纪后半叶至19世纪初，伴随产业革命的导入而蓬勃发展起来的纺织业、以砂糖和蒸馏酒为媒介形成的西班牙语圈和通过与其他欧洲各国通商，使加泰罗尼亚越来越富足。通过铸铁技术的传播、铁路的铺设以及由机械更新的生产手段，使得人们的生活形态也逐渐发生变化。财富的快速聚集和人口的不断增加，始终是以巴塞罗那为中心展开的。1859年由城市规划师伊尔德方斯·塞尔达（Ildefons Cerda）制定的巴塞罗那城市规划方案，采取了避开老城、另建新城作为扩张区域的方式。以伴随产业革命兴起而崭露头角的实业家为核心，形成了一个新的阶层（如作为高迪的保护者尽人皆知的古埃尔伯爵——原注）。他们的身份地位所具有的号召力，鼓舞着正在建设新城市的建筑师们，也包括诗人、画家、学者、甚至加泰罗尼亚的民众都不约而同地迸发出复兴加泰罗尼亚的呐喊。与此同时，也掀起一场艺术和复兴运动。运动的目标是要寻求加泰罗尼亚中世纪的源头和荣耀；运动的内容包括修订母语的语法及书写方法、创建加泰罗尼亚大学、使中世纪的诗歌祭奠仪式复活、增加类似歌剧《奥菲欧》（威尔第创作于1603年的一部歌剧，被称为新歌剧的起点——译者注）那样的合唱队和探访史迹旅行中心的数目等。总之，要以新的光辉照亮音乐、绘画和文学，尤其是建筑领域。

人们纷纷涌入利塞乌大剧院（建于1847年，1994年毁于大火，5年后重建。作为歌剧院，在欧洲闻名遐迩——译者注）和加泰罗尼亚音乐厅，沉浸在瓦格纳的旋律中；或者埋头阅读尼采和易卜生的著作。在弥漫着世纪末氛围的"四只猫"咖啡馆，大家谈话的主题也离不开绘画和文学。

被时髦服饰装扮起来的人们，漫步在巴塞罗那的大街上。有人在巴塞罗那老城的费尔南大街享受着逛商店的乐趣；也有人在新城中心格拉西亚大街的都灵咖啡馆里打发悠闲的时光。市民们自豪地将扩张后的新城区称为"黄金街区"。

建筑师多梅内奇·蒙塔内尔和普伊赫·卡达法尔赫（Josep Puig I Cadafalch）等人的代表作加泰罗尼亚音乐厅、圣保罗医院以及拉斯·彭塞斯之家等在巴塞罗那的各个街区伫立起来。对于他们来说，要使加泰罗尼亚或者建筑走向现代化，最重要的莫过于跟上中欧国家各种思潮演变的节奏。然而，对于曾经历过中世纪罗马式和哥特式的创建及其发展期的加泰罗尼亚来说，在19世纪的再生和加泰罗尼亚文艺复兴中，必须创造出可与之匹敌的新建筑样式，这也是时代委托给建筑师们的巨大工程。在融入欧洲的过程中，该怎样保留加泰罗尼亚的特色，成为纠结在建筑师们心中的关键课题。应该肯定地说，他们听取了民众的呼声，通过视觉形象成功地表现出加泰罗尼亚的主体性。曾在个人作品中以及各种各样的研究中尝试过的工匠技艺不仅受到保护，而且还得到培育。作为加泰罗尼亚建筑史附属部分的各项技艺，如陶器、瓷砖、锻铁、造型和木刻等的再生和振兴给创建新的表现手法提供了条件。

高迪与古埃尔宫

1888年，巴塞罗那成为世界博览会举办地，意味着加泰罗尼亚开始为世界所知。不仅如此，它也证明这座城市正在成长和开始步入国际化的道路。高迪已成为圣家族教堂的主任建筑师，并将加泰罗尼亚具有代表性的实业家尤西比奥·古埃尔的宅邸剩下不多的工程全部完结。根据圣

古埃尔宫/主层客厅仰视效果

家族教堂的雕塑家约翰·马塔马拉的说法，这座宅邸的大厅曾被用来举行招待各界名流的晚会，并接待过美利坚合众国的格罗弗·克利夫兰总统。高迪 36 岁了，对历史上的各种建筑样式已经十分熟悉。古埃尔宫是高迪通过自己动手和运用工匠技艺，绞尽脑汁构想出的作品。这件作品不仅在巴塞罗那，而且在全世界都产生了深刻影响。探访史迹旅行中心的成员来参观这座建筑，在里面转一圈竟用了 3 个小时，可见其内部装饰设计的密度之大。从这个意义上讲，它应该算是高迪早期的代表作，也是对当时一种强烈呼声的回应：这座宅邸必须配得上加泰罗尼亚复兴领导人之一古埃尔的地位。此后，如具有加泰罗尼亚巴洛克风格的卡佛之家、由色彩鲜艳的瓷砖和马赛克装饰的巴特罗之家、造型像波浪和岩礁一样的米拉之家等，一系列真正体现高迪风格的城市住宅相继建成。在加泰罗尼亚文艺复兴的浪潮中，现代主义也逐渐向着个人独特风格演进。处在这样的情势下，尽管不可能不受时代潮流的冲击，可是高迪仍然坚持用自己的作品，不断对古代延续至今的综合性建筑课题作出反复深入的探讨。在期待加泰罗尼亚复兴的背景下，虽然处于同一时代的建筑领域与以巴塞罗那为根据地勃然兴起的艺术运动相辅相成，但是却逐渐偏离了要将建筑彻底革新换面的轨道。唯有高迪，仍旧沿着这个方向走下去，相继建造了古埃尔领地教堂地下礼拜堂和圣家族教堂。

不为人们知晓的地中海帝国全貌

撰文：田泽耕

　　直至最近，似乎才有较多的人知道安东尼奥·高迪是加泰罗尼亚人。不，也许应该换个说法，多亏了高迪，加泰罗尼亚才为人们所知。那么，加泰罗尼亚到底在哪里？对这样的提问能够给出答案的人竟寥寥无几，这让人感到十分意外。因此，在进入本文正题之前，有必要先介绍点儿预备知识。

　　现在的地图上，标着"加泰罗尼亚"名称的地方只有西班牙国内的"加泰罗尼亚自治州"。位于与法国接壤的西班牙东北部地中海沿岸，由濒临地中海的巴塞罗那、赫罗纳（Girona）、莱里达（Lleida）和塔拉戈那（Tarragona）四县组成。全州约有 600 万人。不过，在这里要先明确一下：存在一个广义的"加泰罗尼亚文化圈"。虽然现在只是属于西班牙的一个自治州，但在中世纪，加泰罗尼亚不仅领有法兰西南部，而且其版图曾一度扩大至希腊，成为一个庞大的地中海帝国。因此，加泰罗尼亚文化产生的深刻影响远远超出了现在自治州的范围。

　　那么，这个所谓的"加泰罗尼亚文化圈"是指的哪里呢？要搞清这个问题，最恰当的做法是将语言作为衡量的尺度。也就是说，假如以"讲从拉丁语派生出来的独立语言加泰罗尼亚语的人们"作为标准，在西班牙除了加泰罗尼亚地区之外，还有瓦伦西亚（Valencia）、巴利阿里群岛（包括马略卡岛、梅诺卡岛和伊维萨岛等）、被法国和西班牙围着的比利牛斯山中小国安道尔（世界上唯一以加泰罗尼亚语为第一官方语言的国家）、

巴特罗之家/主层客厅的顶棚

比利牛斯山位于法国一侧的北加泰罗尼亚以及意大利撒丁岛的阿尔盖罗市等。

海、山，还有走廊

"山是培育加泰罗尼亚人精神的场所。"出生在加泰罗尼亚的历史学家豪梅·比森斯·伊·比韦斯（Saume Vicens I Vives）这样说。

可是，多少让人感到意外的，是人们在提到加泰罗尼亚或巴塞罗那时，脑海中却立刻浮现出地中海的景象。比韦斯接着说了下面的话：

"在 13 世纪之前，加泰罗尼亚这个国家的人才和精神都一直被保存在山地中，所以能够形成我们的历史性人格，那些长期在山里生活的人们功不可没。"

从 8 世纪初开始，伊比利亚半岛便受到来自北非的伊斯兰教徒的侵略。在瞬间占领已进入衰落期的伊比利亚西哥特王国之后，伊斯兰军队又乘势通过加泰罗尼亚，攻入法兰克王国。伊斯兰军队虽然被夏尔·马特尔（Charles Martel，676—741 年，法兰克王国宫相，曾于公元 732 年 10 月在法国南部击退阿拉伯人的入侵，史称"铁锤马特"——译者注）击退，但伊比利亚的基督徒却只能在比利牛斯山脉的南麓苟延残喘地活下去。即使是加泰罗尼亚，也同样处在被迫"将人才和精神保存在山地"的状态，一直等到 13 世纪的加泰罗尼亚国土复兴运动结束，这样的状况才得以完全改观。

当地中海成为欧洲各国间贸易的中心时，加泰罗尼亚作为海洋之国，确实引以为豪；何况，美丽的布拉瓦海岸线也始终让观光客梦绕魂牵。然而，如果只将眼光盯住大海，看到的不过是加泰罗尼亚人的一个侧面而已。

另外一个问题，是在加泰罗尼亚的地理条件方面，则应注意其所具有的"走廊性"。

在中世纪初期，为防止法兰克王国再次遭到伊斯兰军队的入侵，加泰罗尼亚起到了壁垒的作用，成为法兰克王国的所谓"边境领地"。不过，加泰罗尼亚并非单纯采取"以山为砦"的方法进行防卫；用来防御各个出入口的，是环绕着加泰罗尼亚周围、由山脉构成的"走廊"。

从地形上很容易看出，加泰罗尼亚地区人们往来的"走廊"恰好就是伊斯兰军队入侵法兰克王国的必经之路。过去，如罗马人和迦太基人等各种各样的人们也从这里经过。

指出加泰罗尼亚地区具有"走廊性"，是比韦斯论述中的重要内容。让我们再接着听听他怎么说：

"由于人员的经常性流动，故而会使居住在'走廊'内的人们感到某种压力。有时，这种压力来自和平的商业活动，有时也要承受武力侵略造成的压力……人们在日常承受压力的过程中，积累了某种能量……不断遭受打击却岿然屹立，锻造成不屈不挠的精神。住在走廊中的民众，对很可能成为其致命弱点的'被动性'，总是坚决说'不'。"

比森斯·比韦斯对政治地理学有着强烈的兴趣，十分重视决定政治格局和历史走向的地理条件。因此，今后也应该对加泰罗尼亚的历史了解个大概；这对我们极为重要。为什么这么说呢？因为我们要想真正理解高迪，透过历史是最近的途径之一。作为一个加泰罗尼亚人，高迪之所以成为高迪，自然也是在当时历史背景下，由身处的地理环境造就的。

至于讲述高迪作品，我实是难担此任。如果一定要说几句的话，为什么在他的作品中能够看到海和山（也包括洞窟）的元素？为什么在美术史的脉络中，加泰罗尼亚是个以高迪为代表的一大批颇具独创性的艺术

圣特雷莎学院

家辈出的地方？对此类问题的回答，也许是解开谜团的一把钥匙。

中世纪的加泰罗尼亚

要想在高迪的作品中找出故事性或历史性的元素，并不是件很难的事。譬如，巴特罗之家中加泰罗尼亚守护神圣乔治制服恶龙的场面、古埃尔庄园的飞龙铁门和橙树的门柱等，都表现了诗人雅辛·贝达格尔（Jacint Verdaguer）曾在《阿特兰蒂达》（L'Atlàntìda）中咏唱过的赫拉克勒斯冲入园内勇夺金苹果的功绩。贝列斯夸尔德的建设用地，原本就是加泰罗尼亚王朝末代国王马尔蒂一世王宫的遗址。而且，靠近入口处摆放的长椅，靠背上画着带四条红线的鲨鱼。设计源自一个传说：中世纪加泰罗尼亚海军名将利阿斯在夺得地中海控制权时曾发出这样的豪言壮语："要想在地中海上安全航行，必须高举黄色底上印有四道红条纹的加泰罗尼亚国旗，连鱼都不能例外。"（长椅的故事，在多明尼克·苏格拉内的著作中也曾提及）。

这其中，大都基于中世纪的史实，充分表现出中世纪浪漫主义的色彩。之所以如此，是因为加泰罗尼亚作为中世纪唯一的海洋帝国，在世界史上留下了浓墨重彩的一笔，中世纪是加泰罗尼亚的辉煌时代。

如我们已经讲过的那样，法兰克王国为防止阿拉伯帝国军队的再次入侵，设置了"边境领地"。边境领地的设置，被看作加泰罗尼亚的起源。在 10 世纪末期，法兰克王国与加泰罗尼亚的主从关系开始淡化，加泰罗尼亚作为独立"国家"的性质越发明显 [这里附带提一下，高迪曾反复用到的加泰罗尼亚国旗的设计，传说是由法兰克国王在探望战斗中负伤的吉福瑞一世（878-897 年在位）时，用四根手指蘸着吉福瑞的鲜血涂在黄色的盾牌上而成的——原注]。

独立后的加泰罗尼亚，针对伊斯兰教徒的统治，开展了国土回归运动，并利用政治策略不断扩大领土范围（1137年，通过联姻与邻国阿拉贡结盟，建立了"加泰罗尼亚—阿拉贡联合王国"——原注）。在绰号"征服王"的乔玛一世的统治下，1229年收复了马略卡岛，1232年再次征服南瓦伦西亚，加泰罗尼亚国土回归运动至此结束。

接下来，加泰罗尼亚将目标指向了地中海霸权。对于当时国力十分强盛的加泰罗尼亚来说，这绝对不是梦想。1282年佩雷（Peve）二世攻陷西西里岛，1311年佩雷三世将统治范围扩展到希腊。海军将领利阿斯从前说的"鱼身上也要披着加泰罗尼亚旗"的预言，如今已经变成现实。

国家的兴旺，使财富大量聚积，财富又带来文化的繁荣。不久，在意大利文艺复兴思想家的影响下，加泰罗尼亚也诞生了自己的哲学家拉蒙·鲁尔（Lamengluer）和曾被塞万提斯赞叹不已、著有骑士小说杰作《骑士蒂朗》的作家马雷托尔·加尔巴等。

然而，盛极而衰是普遍的规律。瘟疫的流行、与热那亚的战争、维持殖民地的庞大开支、社会矛盾的日趋尖锐……使加泰罗尼亚开始走向衰退；而对其构成最致命打击的，则是王朝血脉的断绝。1410年，贝列斯夸尔德主人"人性王"马尔蒂一世，在未有子嗣的情况下死去。

几经波折，由卡斯蒂利亚家族的斐迪南一世（Fernando I）继承了加泰罗尼亚王国的王位。通过其后代的斐迪南在1469年与卡斯蒂利亚王国女王伊萨贝尔结婚，加泰罗尼亚-阿拉贡联合王国与卡斯蒂利亚王国成为一个国家（西班牙王国诞生）。哥伦布发现美洲大陆及攻陷最后的伊斯兰王国格拉纳达又过了23年，时代的重心已经完全转移至卡斯蒂利亚。

巴塞罗那世界博览会（1888）泛大西洋公司展馆

"日不落帝国""黄金世纪"和"无敌舰队"等说法，无一不是对后来西班牙王国繁荣昌盛的褒扬之词。而且也是一种象征：在卡斯蒂利亚人垄断美洲贸易的排挤下，已降格为西班牙地方区域的加泰罗尼亚迎来了漫长的衰落期。

加泰罗尼亚复兴

加泰罗尼亚再次复苏，已经是 18 世纪中期以后的事了。经过多方努力，总算被允许参与美洲贸易，使经济重现一点儿生机。相对于由贵族和神职人员领导的传统型卡斯蒂利亚社会，加泰罗尼亚诞生了一个由工商业者和产业资产阶级领导的新型社会。

当进入 19 世纪时，这样的发展趋势变得更加明显。紧抱住旧体制不放的卡斯蒂利亚最早衰落，由于 1898 年在美西战争中败北，昔日的大殖民帝国开始分崩离析则成为不争的事实。加泰罗尼亚不再对以马德里为中心的卡斯蒂利亚社会抱有希望，转而自行引进新技术，并在可称为以纺织工业为中心的产业革命中取得新的成就。

社会的进步和生活的富足，便自然产生一种民族自豪感。下面的诗句，节选自阿里鲍（Bonavent ura crles Aribaui Farriols）于 1833 年发表的诗歌《祖国颂》中的一节。

再见吧，群山，就这样永别了。

我从远处凝望着

你勾勒出的祖国轮廓。

你那挺拔的英姿和蓝蓝的色彩

帮我们看清了云彩与天空的界线。

再见了，古老的蒙塞尼山。

如同游动在浓雾和飞雪中的步哨，

你一直守卫着犹太人的墓园。

马略卡岛则像一叶扁舟

漂浮在大海的中央……

（请注意这首诗对山和海的咏叹——原注）

因经历了很长的低迷期，加泰罗尼亚语早已丧失了作为文学语言的地位，并被当作一种没有品位的语言，仅限于在家庭内部和缺乏教养的人之间会话时使用。几个世纪过去，如今加泰罗尼亚语又作为诗的语言复活了。阿里巴乌的这首诗，就成了为加泰罗尼亚文化复兴（Ranascence）点燃的烽火。

安东尼奥·高迪的诞生，大约在这之后 20 年左右。

加泰罗尼亚持续发展着。在巴塞罗那，拆除了中世纪时期的城墙，出现一片由建筑师伊尔德方斯·塞尔达（Ildefons Cerdà）规划的整齐的新街区（也是高迪主要活动场所的埃伊桑普雷地区——原注）。作为工业资产阶级的都市复兴起来的巴塞罗那，将下一个目标瞄准了欧洲的各个先进国家。必须让欧洲了解巴塞罗那的实力，筹备和举办 1888 年巴塞罗那世界博览会，使这样的意图得以实现。尽管规模赶不上伦敦和巴黎的世界博览会，可是仍然取得圆满成功。现在，那复古式的文艺复兴运动已经被标榜"脱西入欧"的现代主义所取代，该轮到高迪上台表演了。

借助光线完成的造型

撰文：冈村多佳夫

19 世纪中期，美术批评的先驱、诗人夏尔·皮埃尔·波德莱尔（Charles Pierre Baudelaire，1821-1867 年，法国 19 世纪最著名的现代派诗人，代表作有《恶之花》等——译者注）在其所写的《何谓浪漫主义》(收于《1846 年的沙龙》) 一文中，曾说到西班牙画家表现手法的特点："较之对色彩描绘的专注，西班牙画家更善于使用强烈的对比。"另外，他还说："浪漫主义是北方的产物，……梦魇和妖魔由雾霭所生。惯于使用热烈色彩的画家的祖国英国、弗朗德勒（法国北部大区）和法国的一半都为雾霭所笼罩。"反之，南方的艺术则被他称为看着眼前的自然创作出的晴空下的艺术。在谈到南北艺术表现手法的差别时，他认为北方的艺术都是在画室里凭空想象出来的。当然，很难说这样的观点完全符合当时所有艺术家的实际情况。然而，环境对艺术表现手法会产生很大影响，则是不言而喻的。接下来，再看看安东尼奥·高迪对南北艺术风格差别的说法。

他说："在北方，浓雾遮挡住阳光，物体会变形，让人们产生幻觉。因此，北方人的精神是抽象的。相对于北方，南方的艺术要清晰得多，始终具有确定性。这是因为南方的艺术注重对自然的观察，并据此进行创作的缘故。"从而表明，这位身处比利牛斯山南面的建筑师与北方诗人波德莱尔有着同样的观点。从当时与高迪交往的人们那里以及综合各种情况能够了解到，高迪所掌握的知识，其程度与波德莱尔相当。尽管如此，尚无法肯定高迪的思想均来自波德莱尔的影响。只能说，虽然他们一个

巴特罗之家/从楼梯间俯视

生活在南方，一个生活在北方，可是却分别认识到，光线的差别是造成南北表现手法不同的原因之一。如果说到高迪，观察祖露在强烈阳光下的自然，正是他表现手法中最本质的东西。

就这样，在阳光下迸发的自然生命力以及毫无多余之处的结构，对高迪来说都具有重要意义。特别像是植物，萌芽后逐渐枝繁叶茂，依靠阳光茁壮成长。而且，色彩亦是由光衍生出来的。

位于巴塞罗那格拉西亚大街的巴特罗之家，便以表现植物萌芽形态作为建筑的装饰。建筑正面完全为马赛克所覆盖，据说马赛克该如何镶嵌，工匠们须直接从高迪那里得到指示。巴特罗之家立面镶嵌的马赛克，按着高迪的指示，拼接后构成海滨的景象。蓝色与褐色相间的图案，在阳光辉映下，让人看清那是由翻卷的巨浪衬托出的深海和浅滩。进而，就像由此诞生一样，在入口上部的二层，暴露在大窗框中央的一根立木中长出了嫩芽，被用做生命之源水的象征。类似这样的水和植物，正是米拉之家和圣家族教堂等高迪作品中经常表现的主题。

高迪认为，阳光和水，尤其是投射在地中海的阳光，对于他或居住在地中海沿岸的人们来说具有特殊意义；高迪常常将自己的出生地雷乌斯和巴塞罗那等城市称为"特权场所"，意味着这些地方都因享受灿烂的阳光而让形态更加鲜明。并且，只有在这样的场所，你才会相信自己的眼光，一直观察下去。显而易见，这一点对高迪尤为重要。提起观察事物的眼光，让我们想起法国诗人保罗·艾吕雅（Paul Éluard 1895-1952 年，法国超现实主义诗人，对两次世界大战之间的几代诗人产生过深刻影响——译者注）写过的有关西班牙画家毕加索的几句诗："亲爱的，请永远睁开你的双眼 / 从自然界的荆棘中穿过，走自己的道路 / 你收获着自然的果实 / 再利用一切机会播撒种子。"（安部、桥本日译）对于少年时代来到巴塞罗那的毕加索，高迪曾给予他怎样的影响，我们不得而知。不过，两个人虽然在同样的地方独自走着不同的道路，却始终都将阳光下的自然当成了个人创作的源泉之一。只是毕加索要表现的并非自然的事物；或许天性使然，他的兴趣基本都在人世和自我上。另外，也可以这样说，尽管在达尔文进化论自然观的影响下，那是一个已经开始发生很大变化的时代；但是，高迪却另辟蹊径，在自然界中寻觅现存的合理形态或由自然创造的魔幻形态。通过对这些内容的考察和理解，再将其变为表现形式的一部分。

米拉之家/眺望屋顶

在高迪建筑上看到的光影关系

加泰罗尼亚阳光映照出的又一个轮廓

撰文：樱井义夫

　　如同"建筑的卓越性全部来自光""建筑就是光的秩序"这样的说法一样，高迪在自己的艺术创作中，将光作为不可缺少的根本要素。我们清晰地看到，以45°角倾斜投射的加泰罗尼亚阳光使高迪建筑显露出怎样的形态。

　　西班牙常被称为"光与影的国度"。当强烈的阳光照到物体上、交织在表面形成阴影时，与其他欧洲国家比较起来，那情景确实令人印象深刻。在这样的阳光中，巨大的造型力被鲜明地展现出来，就连模糊的细部都会使造型产生微妙的变化。加泰罗尼亚随处可见的穆德哈尔建筑的墙面，因砌砖方法不同形成了凹凸，这些巧妙搭配的凹凸使墙面的阴影更加清晰。我觉得，与那种没有阴影的平板墙面相比，墙面阴影的表现手法则增强了墙的纵深和厚度感，从而起到突出体量的作用。高迪建筑中的光与影的源泉、或者说文化背景，恰恰就存在于这样的地方。

　　"建筑是居于首位的造型艺术，雕塑和绘画都离不开建筑。它们在艺术上的卓越性全部来自光。建筑将光秩序化，雕塑与光游戏，绘画由光再生。因为色彩就是从光的分解产生的。"

　　"那种可烘托出最和谐形态的光，既不来自垂直方向、也不来自水平方向，而是以45°角照射物体的光。这种中庸的光，能够让物体的真实形态完美地呈现出来。地中海的光就是这样的光，地中海的人们才是造型感觉的真正拥有者。"

"艺术作品的本质是和谐。造型艺术中的和谐由光而生，光使物体显现，并美化了它。"

以上这些话充分说明，高迪将光看作建筑得以成立的第一要素。如果再看看他那些对光与建筑的关系作了强烈渲染的作品，可以发现他在光的处理上采用了各种不同的手法。

在圣特雷莎学院，相对于间隔狭窄的连续抛物线拱，从作为侧壁的扶壁开口部投射进来的明亮光线，可确保在整体上具有均匀的透明感，从而使空间呈现出清晰的几何学形态。从外墙的处理深受穆德哈尔建筑样式影响这一点考虑，我们会觉得是有意利用这种稳定的光来突出相互比照的抽象性。这或许可说成是现代捕捉到的光。

然而，差不多同一时期设计的古埃尔宫中央大厅，却从突出纵向效果的空间上部侧壁投下光线，使空间体量显得更饱满，内部更高大。让前室浮现出双重立面轮廓的光线，与在脚下反射产生漂浮感的光线汇合后，再由天幕状穹顶上的小开口处射入，成为象征性的天光，给人以上升感。总而言之，光由三重构成。估计，这里的空间结构设计受到了阿尔罕布拉宫的启发。由于作了传统的象征性光线处理，因此使空间形态显得很独特。这种光线处理手法，也是阿拉伯文化与西欧文化融合的体现。

从传统光的意义上说，阿斯托加主教宫和圣家族教堂等都是以哥特结构为主的建筑。在结构随意的柱间空间和柱间墙面上设有开口，用来调节光量，以保持内部空间的适当亮度。

古埃尔宫

从结构上看，自然形态的墙面可被看作表皮，是一种现代的表现手法。尽管如此，它的设计也表现出高迪的个性，或者说在成为地域性标志和重视象征性方面令人印象深刻。在成为一种采光装置的同时，建筑也作为光的发生装置，确定了它在城市中的地位。

如果从内部看建筑，几乎任何时候看到的建筑都处在逆光下。逆光可让建筑的质感细致地显现出来。因此可以说，逆光具有更细微的表现力。在外墙上表现墙面光线细微效果的代表作品，有巴特罗之家和米拉之家。当光线像舌头一样舔着起伏的墙面照射时，朝向正光的外墙表面在对比强烈的阴影的映衬下，那蜿蜒起伏的形态显得更为生动。反之，当朝向逆光时，从起伏的墙头上透过的一缕缕光线则使墙面显得更加凹凸不平，令人想到夕阳映照下的波光潋滟的水面。这种绝妙的表现手法也被用在巴特罗之家内部空间的处理上。在那里看到的景象，是形成舒缓旋涡状的墙顶连续面，被透过洞窟状开口部的逆光映衬着。仅从这一点我们就可以看出，高迪的建筑是怎样通过细部、装饰和色彩与光线的相互融合来营造空间的。

对于以地中海人自居的高迪来说，和谐的空间要通过光的适当运用才能构筑出来。暂时摆脱现代那种充满均质光的世界，回过头来看看光与影的西班牙以及高迪的光影世界，或许会激励我们重新考虑构筑出更加和谐的空间。

高迪与养育他的地中海

撰文：千足伸行

　　高迪、毕加索、米罗、达利和塔皮埃斯（Antoni Tàpies,1923-2012 年，生于巴塞罗那，是继毕加索、米罗和达利之后的又一伟大艺术天才，对综合材料绘画艺术进行分析研究的先驱者，非形式主义画家的代表——译者注），从最年长的高迪到最年轻的塔皮埃斯，虽按生年计算的时间跨度有 70 年左右，但却都是西班牙人。假如不算生于马拉加（安达卢西亚）的毕加索，则都是加泰罗尼亚人。包括毕加索在内，他们的艺术生涯无一不与巴塞罗那及其面对的地中海息息相关。其中，米罗和塔皮埃斯均出生在巴塞罗那，而毕加索则如人们知道的那样，整个青年时代也都是在巴塞罗那度过的；高迪虽然不是出生在巴塞罗那，可是说他的艺术生涯始于巴塞罗那、终于巴塞罗那也一点都不过分。

　　巴塞罗那有着悠久的历史。在我们看来，它是一座可以与巴黎、维也纳、布鲁塞尔、格拉斯哥（英国苏格兰第一大城市——译者注）、南锡（法国东部城市，与德国毗邻——译者注）和慕尼黑等并列的新艺术（西班牙的现代派）代表性城市。1900 年巴黎世界博览会的开幕，则成为新艺术发展的顶峰，此后便逐渐衰落，与 20 世纪初崭露头角的现代主义一样，都在第一次世界大战的影响下，成为过去完成式，逐渐被人们忘却。高迪也不例外，他的作品对奇特样式的追求，使其作为低俗趣味的典型遭到抛弃。西班牙内战期间，随国际纵队参战的英国作家乔治·奥威尔（Geovge Orwell）在其所写的《加泰罗尼亚赞歌》（1938 年）中，将圣家族教堂贬为"世界上最令人讨厌的建筑之一",说其表现了"没来得及铲除的无政府主义者的恶俗"。就在这样的时代,本已陷入逆境中的高迪作品却迎来了大救星达利。达利在1930年写的那篇《看到的女人》中,强调了前卫建筑表现出的那种"不曾见过的、纯粹的梦幻世界"所具有的意义。在1933年发表的一篇随笔《关于前卫建筑令人毛骨悚然的可食之美》中,达利赞扬前卫建筑是"美术史上最具独创性、最超凡脱俗的、错乱的新艺术建筑。"

从地理概念上讲,地中海地区则包括了西面的西班牙、法国和意大利以及北面的非洲,再经希腊至东方的埃及、黎巴嫩、叙利亚和土耳其等这一广大区域;而且,地中海沿岸地区的人种、文化、宗教和语言等方面的构成也非常复杂。因此,所谓"地中海的"一词,势必也具有多义性,尽管存在的差别十分细微。可以说在某种程度上,地中海已被定格成这样的形象:(1)作为发端于古希腊罗马的欧洲文化的摇篮;(2)在晴朗温和地中海性气候及丰富自然条件下发育的古典式华丽、明快和从容的风格。

"很奇怪,我在巴黎时并没画过牧神和半人马之类的神话英雄……到了这里(指地中海沿岸)才开始画这些形象。"这是毕加索说过的话。在第一次世界大战后,他所谓古典主义时期的作品,可以说最充分地体现了前面提到的"地中海的"两个意义。高迪虽然与毕加索一样,也是地中海人;可是,他所理解的"地中海的"含义却多少有些不同。那应该称之为,由地中海梦幻似的明亮练就的异乎寻常的眼光和拥抱大海的城市具有的自由开放精神的产物,这些都是地处内陆的首都马德里所没有的。在关心圣家族教堂的同时,达利也对高迪的"地中海的哥特样式"发表了看法。哥特样式原本起源于法国和德国等北方地区,所谓"高迪的 = 地中海的"哥特样式,与其说是对"本源"的继承(新哥特式),不如说是在高迪独特的风格中融入了西班牙固有哥特式元素和东方伊斯兰建筑传统的结果。

古埃尔领地教堂地下礼拜堂/花式大窗

激进的民族主义、天主教信仰和大地中海思想都曾引起达利的强烈共鸣。正因为如此,达利最早发现了高迪的价值。不过,高迪是个怎样的"地中海人",从他自己的话语中也流露出来了。

"美德就是中庸。所谓地中海意味着地球的中央。其沿岸平均光线保持着 45°角照射,因此使物体轮廓分明,形状格外清晰。在匀称光线的沐浴下,伟大的艺术和文化熠熠生辉……我们造型的动力来自感情与逻辑的平衡。北方民族易为感情束缚,加之环境窒闷灰暗,因此产生一些不具确定性的东西(幻想)。与此相反,南方民族处在过分明亮的环境中,往往蔑视理性,因而诞生许多怪物(妖怪)……地中海艺术因为专注于对自然的观察,所以较之北方艺术具有明显的优越性。"

高迪的这些话让我们想起,他曾对米开朗琪罗将意大利美术与弗朗德勒(法国北部大区,首府里尔的美术馆仅次于卢浮宫,为法国第二大美术馆——译者注)美术加以比较时流露的民族主义的意大利至上主义提出批评,说那是"蔑视理性……"将戈雅(Francisco Goya, 1746-1828 年,西班牙画家,西方美术史上开拓浪漫主义艺术的先驱——译者注)的版画说成"因理性休眠而诞生的怪物……"但是说起怪物,圣家族教堂创作灵感的源泉之一圣山蒙特塞拉特,同样是达利本人许多作品的灵感来源。同时,达利相信一定对高迪的"地中海哥特样式"有很大启示的克雷乌斯海角,用达利自己的话说,"比利牛斯山脉正以其壮阔的地质学谵妄状态堕入大海,那充满诗意的地方"的奇岩怪石以及发出的梦幻之光,令人无法忘记。

映照着炫目的"过剩光线",眺望着地中海度过每一天。生长在地中海的阳光和空气中的高迪,在建筑方面的想象力也是由地中海培养出来的。毫无疑问,这也使他的眼光更独特、视野更广阔。

心中的故乡——圣山蒙特塞拉特

除了地中海之外，高迪建筑的很多灵感也来自蒙特塞拉特山。蒙特塞拉特山位于巴塞罗那西北60公里的地方。它被形象地称为"锯齿山"和"怪石山"，并作为加泰罗尼亚之根留在人们记忆中。那绝美的景致无以言表，站在海拔1200米的山顶，甚至可以看到横亘在法国边界上的比利牛斯山脉。这座布满嶙峋怪石的大山是阻挡外族试图越过比利牛斯山脉入侵的重要屏障，因而具备要塞的防卫功能。

11世纪，一座本尼迪克特派修道院（Benediktiner Kloster）在此建成。到了14世纪，由于"黑色圣母子像"的发现，使蒙特塞拉特山作为圣山而被广大的加泰罗尼亚人所知晓。然而，1811年拿破仑的入侵却使这里的修道院遭到毁灭性的破坏。据说，圣家族教堂第一代建筑师弗朗西斯科·德·保拉·德尔比利亚（Francisco de Paula del Villar）的初衷，就是要复兴因这场战争而长期成为废墟的修道院，使其重新在世间屹立起来；作为他的助手，高迪当时经手的不过是些修修补补的工程。

后来多次造访此地的高迪，望着起伏相连的山头，深深为大自然所创造的那抛物线拱形的美所陶醉。

通过对高迪谈话和手绘草图的研究则可确认，始终处于未完成状态的古埃尔领地教堂地上部分的设计即是以蒙特塞拉特山的形象作为参照。

蒙特塞拉特山（锯齿山）与修道院

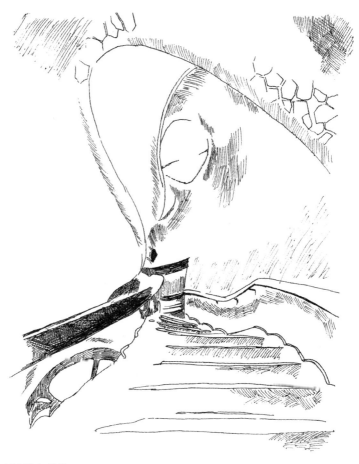

巴特罗之家/阶梯

第5章

赞助人、对手和学生

发现天才的企业家古埃尔

从高迪与古埃尔的关系中看 20 世纪赞助人的理想形态

撰文：海野弘

参观巴塞罗那的古埃尔公园，就像漫游在大海之中，满眼都是鲜艳的色彩，由贝壳、珊瑚和流水构成的蜿蜒曲线看不到尽头，让人流连忘返。这是高迪和古埃尔（Eusebio Güell，巴塞罗那富翁，纺织及航运巨子，高迪的挚友和赞助人。高迪 1888 年设计的一座公园即以其命名——译者注）心目中乌托邦的缩影。

艺术、特别是建筑，不可能单靠艺术家自己完成，还要有给予物质和精神援助的赞助人。高迪结识的古埃尔，就是一位被比作意大利文艺复兴时的美第奇家族的理想赞助人。

在 19 世纪末走向现代化的过程中，一些伟大的赞助人诞生了。尤其是那些与法国和英国等相比现代化进程较慢的周边国家俄罗斯、匈牙利、美国以及西班牙等，在这方面更为突出。譬如俄罗斯的休金和莫洛佐夫，可参看笔者写的《赞助人的故事》一书（角川书店出版）。

与从前由王公贵族充当赞助人不同，他们大多数是工业资本家，希望改革旧体制，对本国国情有清醒的认识，而且有志于创造新的国民文化。西班牙的古埃尔也是这其中的一位。19 世纪后半期，随着现代工业的发展，西班牙的加泰罗尼亚正在迎来理性和文化的复兴浪潮。古埃尔作为新兴工业资本家，积累了巨大财富。他是 19 世纪的复兴者，借用威廉·莫里斯（William Morris，1834-1859 年，英国设计师、诗人和画家，现代设计的先驱——译者注）的话说，是个万能的人（Universal Men）。他不仅是实业家，还是研究微生物和语言的学者、画家，爱好戏剧及文学，对艺术和科学事业给予了资助。

19世纪末，被认为是艺术与资本虽然短暂却有幸相遇的时期。连资本家也点燃了要创建新世界的理想之火，大力支持新艺术的发展。此后，艺术与金钱的关系便难以厘清了。

自1883年高迪成为古埃尔宅邸的建筑师起，直到1918年古埃尔去世，高迪承揽了包括古埃尔宫和古埃尔公园在内的古埃尔家全部工程。他们之间保持了长达35年的亲密友谊。

据说，高迪与古埃尔的交往是从1878年开始的。高迪刚从建筑学校毕业，总算找到一份工作。最初，只是做些家具和陈列的设计。准备参展世界博览会的巴塞罗那手袋制造商厄斯特普·寇美烈便订购了高迪设计的商品陈列柜。据说，古埃尔就是由于对这个陈列柜印象深刻才与高迪结识。

这些物品的设计，都受到威廉·莫里斯的工艺美术运动的影响。古埃尔在访问英国期间，对莫里斯的工艺美术运动似乎感触很深。他不仅为莫里斯的设计所动，而且还对其社会思想有着浓厚兴趣，要将这一运动在西班牙推广开来。因此，高迪的设计引起他的关注。

精神上的志同道合，拉近了古埃尔与高迪的关系。后来，诗人雅辛·贝达格尔也加入他们的友谊，他在《阿特兰蒂达》中，引用赫拉克勒斯的神话故事，讴歌了西班牙黄金时代的复兴。要复兴西班牙的共同理想让3个人结成精神共同体，他们从1884年开始，连续5年推动着加泰罗尼亚的建筑运动。自此，文森之家、随性居和古埃尔庄园等高迪早期的作品相继诞生。据说，就是在古埃尔的书斋里，高迪看过古埃尔从英国带回来的威廉·莫里斯和工艺美术运动的资料后，才开始接触了拉斐尔前派

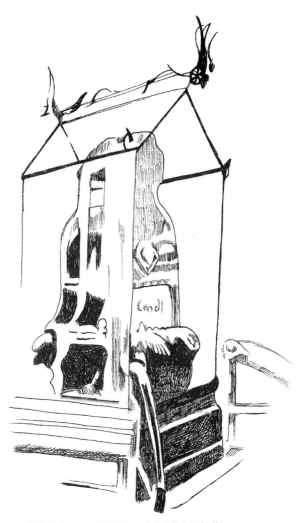

巴黎世界博览会（1878）厄斯特普 · 寇美烈的商品陈列柜

（Pre–Raphaelite Brotherhood，又译为前拉斐尔派，是 1848 年在英国兴起的美术改革运动——译者注）以及新艺术。

古埃尔公园则是两个人合作关系达到顶峰时的项目。项目原本是分块出售的住宅，试图建成乐园式的社区，既是对莫里斯乌托邦理念的继承，也是古埃尔的活动与高迪的建筑合二而一的体现。

可是，艺术与金钱的蜜月期已经过去，不景气的经济也使古埃尔财团遭到重创，劳资关系陷入激烈对抗状态，连古埃尔的家也受到工人们的冲击。1915 年，古埃尔一去世，可以不断将工作机会交给高迪的赞助人也没有了。在新的历史时期，高迪抛弃了现代主义艺术，一直将自己封闭在圣家族教堂的工地上。

偶尔，艺术家说不定还会做着像高迪和古埃尔那样的梦。尚未完成的圣家族教堂，就让我们看到了那一天到来的希望。

古埃尔公园

与赞助人古埃尔长达 40 年的深厚友情

撰文：佐佐木宏

　　翻开词典，关于"赞助人"的释义："从经济上支持艺术家、艺人或特定团体的人；后援者。"据此可知，赞助人应是一些思想与众不同的富裕阶层人士；只是这其中不少人的动机似乎值得怀疑。然而，高迪的赞助者却是一位品德高尚的人物。他不仅具有良好的教养和很高的审美品位，而且做事稳重、胸襟宽广。他与高迪相互理解和支持，满怀豪情地共同投身艺术事业。历史上，能够体会到这种支持有多么幸运的，恐怕非高迪莫属。

　　在高迪的诸多作品中，被冠以"古埃尔"之名的有好几个。古埃尔就是高迪重要的雇主、亦即赞助人的名字。

　　建筑物从开始施工直到完成，其间起到根本作用的是分配和提供资金的业主，而不是建筑师。可是，在一般的历史著作中，往往记载着建筑物是由某某规划者和方案设计者建造的；即使在专门的建筑史著作中，也几乎不提建筑项目的招标人。

　　高迪的作品则不然。在有关的评论和研究中，都详细记述了客户兼赞助人古埃尔在其中所起到的重要作用。这在建筑史上是非常罕见的。

　　安东尼奥·高迪于 1852 年出生在塔拉戈纳县雷乌斯市的一个铜器匠人之家，家庭出身并不是他将建筑师作为自己理想的原因。可是，1878 年从巴塞罗那建筑学校毕业之后，他看到了光明的前景，并不断得到幸运之神的眷顾。

古埃尔宫/立面的铸铁雕塑

这一年，高迪与早已成为大富豪的古埃尔结识，自己的才能也得到古埃尔的赏识。5 年后的 1883 年，高迪终于受命成为圣家族教堂的主任建筑师。广为流传的，还有下面的故事。

1878 年举办的巴黎世界博览会，为古埃尔最初认识高迪提供了契机。高迪从建筑学校毕业后，担任工匠冯特塞勒的助手，为寇美烈皮革手袋店设计了参展博览会用的商品陈列柜。在博览会上看到这个陈列柜后，古埃尔颇为其华丽的造型所陶醉，就此高迪也给他留下了深刻的印象。

古埃尔出生的家庭，父亲乔恩经过一生的努力，在经营纺织厂方面取得成功，最后成为国会议员。古埃尔曾赴英国和法国留学，不仅是位出版过细菌学著作的知识分子，还是个能够自我画像的艺术爱好者。他很早就参与家族企业的管理，26 岁时成为父亲的接班人。他不仅有自己的纺织厂，也从事许多相关产业的经营活动。

古埃尔的妻子伊萨贝尔的娘家同样是大富豪。岳父安东尼·罗贝斯因一生从事造船业和海运业、并取得巨大成功而获颁科米里斯侯爵称号。妻弟寇拉迪欧 29 岁时，不仅继承了其父的侯爵地位和海运公司，而且还经营着银行、商会和矿山等多家企业。应妻弟的要求，古埃尔兼任了许多高级职务，以帮助其管理这些公司。寇拉迪欧是位虔诚的天主教徒，热心于宗教和社会活动，并因此被罗马教皇封为科米里斯公爵。古埃尔也在 1910 年被授予伯爵头衔。就这样，19 世纪两个新兴的资产阶级家族均凭着巨大的财力而跨入了贵族行列。

建筑师高迪很高兴能有这样一位实力雄厚的赞助人，因为如此一来便可以放开手脚去做些需要大笔花销的工作。与此同时，又通过社交活动结识了更多的人，他们大都是纺织业的经营者，也是古埃尔的业内好友。后来，高迪也不断从他们那里接到建筑设计的委托。

在成为圣家族教堂主任设计师之后，高迪从事与宗教有关的教堂和学校的设计渐渐多了起来。

古埃尔最初交给高迪的工作不是建筑设计，而是设计一件赠给岳父侯爵的家具。不过，由于之前已经交给了高迪的前辈设计师，因此被高迪婉拒。接下来，则是古埃尔送给岳父的狩猎用具柜的设计，亦因高迪不感兴趣而放弃。最后，高迪还接到过设计古埃尔公司商标的委托，依然没有动手。

最初之所以将家具设计委托给高迪，似乎与古埃尔留学英国期间接触到的工艺美术运动有关，这是一场涌现出新设计潮流的运动，其中的核心人物是威廉·莫里斯。高迪虽然没有立刻回应古埃尔的委托，但后来也曾对各种家具的设计独自进行了尝试。这一定是受古埃尔启发的结果。

有人认为，古埃尔最初的委托是要测试高迪的能力。不过，那时高迪并不为古埃尔工作，确切地讲是在为侯爵家服务。从 1880 年起，高迪成为侯爵家御用建筑师马托雷利的助手，前后约有 3 年时间。高迪不仅为侯爵家的教堂设计了内部摆设的家具，而且 1885 年还在教堂旁为侯爵妻弟设计了一栋别墅（被称为奇想屋［随性居］）。

古埃尔真正委托高迪设计建筑，就是从这时开始的。首先，扩建和改造位于巴塞罗那郊外的庄园，包括大门、围墙、马厩和门房小屋等。尽管都不是真正意义上的工程，可是高迪却欣然接受下来，而且使用铸铁和锻铁建造了一扇巨大的"龙门"，很快引起广泛关注，并受到好评。

因这一设计成果而对高迪的设计实力表示认可的古埃尔，于 1884 年又将自父亲那里继承下来、位于巴塞罗那老街区宅邸旁边的别墅设计委托给了高迪。据说，高迪参考了巴塞罗那的名宅设计，仅建筑立面方案便绘制出 20 多种草图。高迪去芜存精，将其归结成两个方案提交

古埃尔宫/主层客厅

给雇主古埃尔，最终采用了由委托人选定的方案。虽然高迪还不十分自信，但是古埃尔还是选择了高迪引以为豪的抛物线拱为出入口设计，这充分说明高迪有幸遇到一位非常理解他的客户和赞助人。这座宅邸在许多地方都继承了历史传统，其独特的设计风格获得很高评价，并受到广泛关注。

将传统风格用于古埃尔宫的设计，除了高迪自身的理念外，也反映了古埃尔在英国期间接触到的美术史家约翰·拉斯金（John Ruskin, 1819-1900年，英国作家、艺术家、艺术评论家——译者注）倡导的回归中世纪的思想。高迪的设计，继承了西班牙的古老传统，这一传统是由哥特和伊斯兰两种元素融合而成的；而且从高迪的设计理念中，也能看到有教养的绅士古埃尔对他的影响。

古埃尔注意到当时欧洲广为传播的社会思想，制定了一个建设工业社区的计划，目的在于改善工业革命后工人阶级的恶劣居住条件。古埃尔在自己经营的工厂周围，规划了诸如住宅、学校、幼儿园、诊所和集市等各种设施；而由高迪承建的地下礼拜堂，则成为他可与圣家族教堂并列的宗教建筑代表作。

此外，古埃尔还为富有的资产阶级建设了郊外住宅区；但只卖出其中两个，其中一个为高迪自己购入。古埃尔在与高迪商量之后，决定改变原来的计划，将其建成可人人共享的公园。这就是今天的古埃尔公园。

高迪充分发挥自己的聪明才智，以自由多样的手法为公园构筑出华丽的空间。不过，最初的方案却是由古埃尔提出的。古埃尔经常忆起曾在法国南部尼姆（Nimes，法国南部历史名城，位于罗纳河以西——译者注）见过的拉封丹公园，他也想建设一座可为巴塞罗那增添无穷魅力的公园。

古埃尔与高迪的合作关系，一直持续到赞助人古埃尔去世的1918年。

从两人相识算起，整整 40 年。可以说，在高迪的创作活动中，古埃尔不仅是提供资金支持的赞助者，而且也是一位将自己构建的理想寄托于高迪去实现的智者。

对于高迪来说，在古埃尔妻弟家的工作以及从古埃尔同业好友那里承接的巴特罗之家和米拉之家等代表作，在很大程度上也得益于古埃尔。

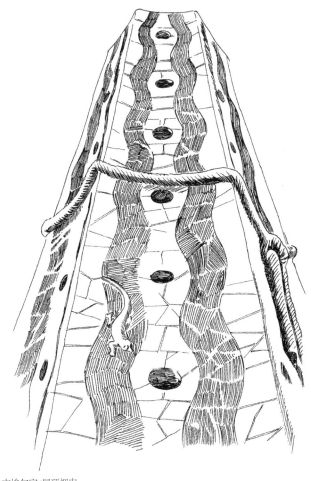

古埃尔官/屋顶烟囱

对手多梅内奇·蒙塔内尔

撰文：森枝雄司

电影《关于我的母亲》[1990，原书如此，恐系"1999"之误。应指由西班牙导演佩德罗·阿尔莫多瓦创作的一部影片，1999年4月首映。片名亦译做《我的母亲》——译者注]有这样一个镜头：隔了很久之后才回到巴塞罗那的主人公，从出租车车窗仰望被灯光辉映着的圣家族教堂。那一夜，来到老朋友的公寓，透过玻璃窗可看到房间对面的加泰罗尼亚音乐宫。还有更早的影片《夺宝奇兵》，亦将巴塞罗那选为电视版系列的背景地，影片画面中与文森之家一起出现的还有圣保罗医院。在提到"艺术之都"巴塞罗那时，多米尼克的作品也像高迪作品一样，成为这座城市的丰碑。

路易斯·多梅内奇·伊·蒙塔内尔（Domènech I Montaner，1849-1923年，巴塞罗那著名建筑师，代表作有加泰罗尼亚音乐宫和圣保罗十字医院。高迪在大学学习时彼已任教授——译者注）和比他年轻3岁的安东尼奥·高迪，虽然都是现代主义时期具代表性的建筑师，但在许多方面也形成鲜明的对比。

众所周知，高迪是铜器匠人的儿子，通过发奋学习才成为建筑师。多梅内奇是个什么样的人呢？他生长在巴塞罗那屈指可数的富有家庭，父亲经营出版印刷业。多梅内奇刚刚从马德里的建筑学校毕业，父亲便去世了，父亲创建的蒙塔内尔·伊·西蒙出版社亦被委托给叔叔拉蒙·蒙塔内尔管理。从蒙塔内尔自己后来不断接到亲属的设计委托这件事上便可以想象，高迪只是在结识古埃尔之后才获得的东西，对于蒙塔内尔来说是与生俱来的。

他们二人相识于巴塞罗那建筑学校，年仅 25 岁就成为教授的蒙塔内尔与学生高迪是师生关系。1876 年，高迪虽然是当年最优秀学生奖的候选人，但却最终落选。负责作品审查的 7 位教授中，多梅内奇是主任评委。

1882 年，由马托雷利主持制定的大教堂立面修复方案，高迪和多梅内奇曾分别以绘图和题字的形式参与其中。尽管这个方案最终并未付诸实施，但是许多关于他们的传言却无法厘清。

在建筑领域，两个人明显表现出对立是在 19 世纪 80 年代后半期。

当时，多梅内奇正忙着筹建作为巴塞罗那发展象征的国际博览会（1888 年）及其配套项目咖啡餐厅（现在的动物博物馆）和国际酒店的设计。酒店今已不存；这座高 5 层、宽约 160 米的巨型建筑，整个工期仅用了63 天。另外还传说，经古埃尔推荐、本来由高迪制定的市政厅中央会客厅修复方案，却因市议会的反对而被推翻，改交多梅内奇重新设计。后来，1900 年多梅内奇开始担任巴塞罗那建筑学校的校长，1901 年当选为国会议员，在公众场合表现得非常活跃，并且始终是巴塞罗那建筑界的核心人物。

与此同时，在马托雷利的推荐下，1883 年高迪成为圣家族教堂的主任建筑师。然而，这只是一座困窘的宗教团体的教堂。建造这样的教堂，起初并不是件吸引人们眼球的工作。因此，高迪亦逐渐与社交场合疏离，让自己孤立起来。我认为，多梅内奇开始认识到高迪工作的价值，应该是古埃尔公园、巴特罗之家和米拉之家等这些具有独创性的作品问世后的事了。

米罗雷斯别墅的大门和围墙

高迪对多梅内奇却没有表现出认可的样子。从多梅内奇的处事风格来看,能够让人看出绝不会效仿高迪。据说,在建筑学校学生提交的作品中,一旦存在高迪影响的痕迹,教授中就有人会持明显的反感态度,但多梅内奇却表现得很宽容和大度。这或许是舍我其谁的自信心使然。

建筑师多梅内奇创作的目标,是适于个人居住的场所和符合时代要求的建筑。在那样一个工业发展、机械化程度越来越高的时代,正在尝试将新技术与应该保护的传统艺术和匠人技艺相互融合。在这方面做得最好的加泰罗尼亚音乐宫,应该说是一件无与伦比的杰作。建筑采用新式钢结构,那象征着巴塞罗那繁荣发展的豪华装饰,均为雕塑家埃欧塞比·阿尔瑙(Eusebi Arnau)和陶艺家刘易斯·布尔等当时具代表性的艺术家设计。

或许因为这样的缘故,当你接触高迪的作品,立刻会从中体会到某种超越时代的特有"个性";与此相反,多梅内奇的作品,则突出了现代主义的时代感。不管对多梅内奇的作品怎样评价,都已成为那个时代的产物。因此,在今天的艺术之都巴塞罗那,不仅存在高迪,也能看到开创一个时代的多梅内奇。多梅内奇留给我们的,肯定不仅仅是建筑。

卡佛之家/门厅

高迪的学生也是天才

撰文：森枝雄司

在诸多合作者中，开始对胡霍尔特别感兴趣是在了解高迪同时代的建筑师多梅内奇·蒙塔内尔期间。

在日本，人们对多梅内奇的了解远没有对高迪那样多。不过，近年来，从加泰罗尼亚音乐宫和圣保罗医院两件作品被收入联合国世界文化遗产名录这件事可以推断，多梅内奇作为一位留下优秀作品的建筑师正在为人们知晓。从 19 世纪末至 20 世纪初，现代主义思潮在西班牙加泰罗尼亚地区流行，其领头人就是高迪和多梅内奇。如果没有这两个人，现代主义的发展也无从谈起。我对高迪和多梅内奇的了解，便始于研究加泰罗尼亚现代主义的发展过程。

作为多年担任巴塞罗那建筑学校校长、又系加泰罗尼亚建筑界巨擘的多梅内奇，对后来建筑师们的影响是不言而喻的。

另外，尽管高迪总是置身事外，但以其独特的创作风格，仍然吸引着仰慕高迪建筑的年轻建筑师们紧随其后。假如你去巴塞罗那近郊的村镇走走，一定会看到很多受高迪影响、模仿现代主义的作品。

不管叫作"学生"也好，还是称为"助手"也好，据我们所知，有好几位建筑师和雕塑家都曾是高迪作品的合作者。我认为，要了解他们所作的贡献，最好的方式是先了解高迪。因为只有这样，才能知道高迪作为他们的领导者发挥了多么了不起的作用。高迪不仅具有多方面的才能，而且合理用人，为下属提供了可施展才华的广阔空间。

比高迪小一岁的雕塑家略伦斯·马塔马拉,也是高迪终生的朋友。因此,与其说是学生,或许称为合作者更恰当。马塔马拉负责塑像、浮雕和石膏模型的制作。在制作模型过程中,尽管高迪经常变更设计,他却毫无怨言,总是忠实地按照指示去做。

此外,建筑师弗朗塞斯克·贝伦格尔、霍安·鲁维奥(Joan Rubio)和何塞普·胡霍尔等人在其中的活跃程度也让人感到颇具趣味。

在巴塞罗那郊外的伯爵领地,高迪为古埃尔建造了一座酒窖,其中贝伦格尔的贡献很大。为此,高迪经常将其作为贝伦格尔的作品介绍给大家。1914 年,贝伦格尔去世时,高迪曾泣不成声地说道:"我的右臂没了。"鲁维奥则在结构设计方面发挥了自己的才能,圣家族教堂的总体效果图就是由他绘制的。另外,还与贝伦格尔一道承担了古埃尔街区规划和住宅设计等工作。看他本人设计的建筑,其砖的巧妙组合等各种手法均给人留下较深的印象。贝伦格尔和鲁维奥都是优秀的建筑师,也是高迪的好助手。可是,他们的作品却没有高迪作品产生的那种震撼和新奇之感。

那另一位建筑师胡霍尔怎么样呢? 我倒是从中隐约发现一点儿与高迪不同的东西。

走在巴塞罗那街头上,假如街角报亭有出售古埃尔公园明信片的,请看一眼照片背面标注版权人的地方,在高迪名字的后面还印着胡霍尔的名字。说到底,不过是高迪合作者之一的胡霍尔,他的名字为什么能够与伟大建筑师的名字并列在一起呢?

在此,我想就高迪和胡霍尔这两个人再详细地谈谈。

胡霍尔学生时代,曾师从深受多梅内奇影响的建筑师安东尼·马略·卡利萨,并做过卡利萨的助手。可是,卡利萨约 40 岁时即英年早逝,这成为高迪与胡霍尔相识的一个契机。

伯爵领地上的古埃尔酒窖

在高迪手下，胡霍尔最初参与了巴特罗之家的设计工作。不过，对此也有不同的说法，不知哪个是正确的。胡霍尔曾参与的项目，比较清楚的有马略卡岛帕尔玛大教堂的修复、米拉之家和古埃尔公园的建设等。

在马略卡岛帕尔玛大教堂唱诗班席后面的板壁上，至今仍有胡霍尔留下的"痕迹"：板壁表面变形云一样的超现实图案和画笔信手涂成的抽象画。胡霍尔的工作虽然并未得到教堂参事会的认可，可是却从高迪那里得到满意的评价。

在建造米拉之家的过程中，胡霍尔设计了阳台的栏杆、扶手和面向普罗伦萨大道的马车入口大门等。扶手的造型，有如攀缘在岩山上的植物和漂浮在波浪中的海草。虽然近处看似乎不太和谐，但却与高迪的大胆造型十分匹配。马略卡岛帕尔玛大教堂的工作同样如此，对于扶手的设计，高迪没有作任何交代，只是告诉胡霍尔，想怎么做就怎么做。

而且，因与业主意见相左，高迪未等教堂修复结束即离去接手米拉之家项目，后期收尾工作则由胡霍尔指导完成。

在高迪的作品中，由胡霍尔亲自动手、并获得很高评价的，有古埃尔公园波状长椅表面的瓷砖装饰和伫立着多立克式列柱的大厅顶棚上张贴的瓷砖，以及玻璃拼贴画。

胡霍尔参与这项工作时，正门左右的接待厅和门卫室（门房小屋）、包括中央大楼梯已经完工。它们与胡霍尔制作的部分，在瓷砖的拼贴方式上有很大区别。此前完成的部分，均采用白色或彩色瓷砖拼接成一定的图案。然而，长椅表面的瓷砖则不同。虽然其中一部分看上去像是花蕾的样子，可是在整体上却留给人这样的印象：花花绿绿的瓷砖毫无规律地混杂在一起。

曾修复过胡霍尔的作品、对其作品十分了解的建筑师约瑟夫·李纳斯用下面的话概括了胡霍尔与高迪的不同之处，尽管其中不乏臆测的成分："胡霍尔每天都在施工现场一点点地收集瓷砖方面的资料，直到有一天收集到的东西突然让他产生灵感，眼前出现一个形象，当场动手将它拼贴出来。高迪却不是这样：在与长椅有关的资料没有准备齐全之前，他绝不会动手。当资料收集完成之后，高迪还要用脑子筛选一遍，构思出形象，然后才开始作业。"

虽然都是些臆测的话，倒也很好地描述了胡霍尔和高迪两个人个性上的区别。

长椅的造型虽然透出动态的美感，但是让人感到在整体上缺少统一性。尽管如此，通过繁复的计算已经证明，仍然是平衡协调的造型。不过，假如将瓷砖拼贴成规整的图案，或许会显得更加雅致。胡霍尔所采取的轻松自在的"游戏"手法，使得长椅的造型显得越发有趣。就像为高迪的大胆造型伴奏的和声，具有鲜明的胡霍尔特色。之所以将古埃尔公园长椅作为高迪与胡霍尔合作的范例加以介绍，其理由恰恰就在于此。

据说，当高迪向别人介绍比自己年轻 27 岁的胡霍尔时，总是称其为"我兄弟"。高迪对胡霍尔的艺术才能给予了很高评价，他曾说："胡霍尔应该成为画家。"在胡霍尔身上，高迪发现了与自己不同的悟性和自己所没有的色彩感。或许是胡乱的猜度，我认为正是胡霍尔弥补了高迪自身所欠缺的东西。

在现代主义退潮过程中，作为建筑师的成熟期也到来了。西班牙内战期间已步入晚年的胡霍尔，遗憾的是再也没有参与较大的工程。即便参与的项目，也几乎都是些简单素朴的作品。无论作为建筑师还是艺术家，胡霍尔的才能都是相当出众的。当然客观地看，一个不可否认的事实，是他在自己作品中大量使用的装饰手法也让人觉得似乎过了头。不

古埃尔公园/伫立着多立克式列柱的大厅

过，当你逐个仔细揣摩就会明白，那只是对各种"美的创造"的一种尝试。不管什么东西，哪怕是破碎的瓶子和器皿，或者用旧的农机具，只要到了胡霍尔的手里，便都能作为上好的建筑材料重新得到利用。在建造住宅时，从窗子的开合到阳台的设计，凡是与居住舒适相关的每个细微之处，他都不会放过，并千方百计做到最好。

巴塞罗那是一座艺术之都，在这里毕加索度过了他的青年时代，米罗、达利和塔皮埃斯等艺术大师也生长在这座城市。他们作为伟大的艺术家，让自己的影响从巴塞罗那波及整个世界。

与此相对的，是胡霍尔几乎一生都没有离开过巴塞罗那。也许个性使然，他同高迪一样，将全副精力都投入到创作植根于加泰罗尼亚自然和传统的作品中去。他也是虔诚的基督徒，日常生活习惯十分保守，这一点与晚年的高迪很相似。

在巴塞罗那，近年来对胡霍尔的评价越来越高，经常举办介绍其作品的展览会。

胡霍尔所的尝试，是要将在加泰罗尼亚继承下来的传统变成个人的表现风格，这与后来20世纪的画家们探索的新艺术道路大同小异。甚至可以说，米罗和塔皮埃斯的风格在胡霍尔的作品中早就体现出来了。在巴塞罗那，超越时代继承传统的工程不止圣家族教堂一个。

第6章　关于音乐

对瓦格纳音乐如醉如痴的高迪

撰文：北川圭子

由艺术结缘的两个变革者

讲究穿着打扮、沉迷于美酒佳肴、对女性的关注……晚年的高迪，已经远离了诸如此类的人生乐趣、将全部精力都投入了圣家族教堂的建设。一天，有位过去熟识的贵妇人来到衣衫褴褛的高迪面前，带着怜悯的表情问道：

"您一个人不感到寂寞吗？"

高迪红着脸回答说：

"不，夫人。我被所有的艺术包围着，像这样幸福的生活，我从未有过。"

那位贵妇人看到，在高迪白色眉毛下的一双眼睛，正如少年一样闪闪发光。她像是要尽力理解高迪话中含义似地，不断小声嘀咕着："所有的艺术……"

综合艺术

高迪对那位贵妇人说的"所有的艺术"，系指他年轻时理想中的"综合艺术"。建筑作为一种综合艺术不再表现为单一功能的结构体，要在其中加入雕塑和绘画之类造型艺术形式以及诗歌、舞蹈和音乐等艺术元素。并且，这些形式和元素也不是孤立存在，而是相互高度融合，成为艺术的综合体。我想，建筑与雕塑和绘画的一体化很容易理解。可是，要理解建筑与诗歌和音乐的结合，就比较困难了。在这里，笔者将其比作阅读方法之一：领悟"行间之意"。亦即，领悟那些虽然没有出现在文章表面、却隐藏在字里行间的作者意图。但凡这样的文章，其寓意反而更加深刻。建筑内部自然是空间，也就是存在于墙壁、门窗等"文字"之间的"行间"。高迪在这种空灵的"行间"中渲染出了一种由石材本无法表现的，具有诗歌、音乐等艺术韵味的氛围，构筑出一种令人陶醉的空间。

高迪将这种深奥难懂的综合艺术作为课题进行研究，是在接触到理查德·瓦格纳（Wilhelm Richard Wagner，1813-1883 年，德国作曲家——译者注）的音乐理论之后。当时的巴塞罗那正处于所谓加泰罗尼亚复兴的鼎盛时期，即使在音乐方面，贵族阶层也都对观赏歌剧和听交响乐乐此不疲。尽管中央政府对萨尔达纳民族舞蹈（La Sardane，加泰罗尼亚最流行的集体舞蹈，已成为当地的文化象征。跳舞的人拉着手形成一个圆圈，不必一定结成异性舞伴，任何人都可参加——译者注）发出了禁令，可是市民阶层却为舞蹈谱出新曲。毫不夸张地说，巴塞罗那已成为音乐之都。在谈论新话题的贵族沙龙里，又诞生一种与原来歌剧不同的"音乐剧"，并将瓦格纳的音乐作为特色之一。虽然不太明白歌剧与音乐剧的区别究竟在哪里，不过前者似以音乐为主，后者则以戏剧为主。因此，对于听惯歌剧的贵族来说，音乐剧产生的轰动不言而喻。高迪虽没有亲自演奏过乐器，却有着敏锐的听觉，是位酷爱音乐的人。在成为建筑师、开始出入沙龙之后，就不必另挤时间去欣赏瓦格纳了。

瓦格纳说："正是戏剧才是终极的表现目的，音乐、文学和建筑等所有艺术形式应该融合起来。艺术必须是人类整体的表现，因此它不应该仅表现历史上的某一时代，而应将神话和传说作为题材。演出不是仅供上

古埃尔公园/中央大阶梯的蜥蜴雕塑

流阶级娱乐，也要成为不分阶层的大众享受。"如同我们从《特里斯坦与伊索尔德》和《尼伯龙根的指环》等作品中看到的那样，流传在以日耳曼民族为首的欧洲的故事，经常成为瓦格纳创作的题材。

在瓦格纳的触动下，高迪也将此作为自己创作的方向。将终极表现目的改为建筑，将日耳曼民族置换成加泰罗尼亚民族，由此出发去追求那种不仅为上流阶级、也可为路上行人欣赏到的艺术。

说到这样的例子，譬如古埃尔庄园的铁门。在铁门的设计上，配有一条古希腊神话中出现过的飞龙。飞龙是被安排看守苹果园中金苹果的。位于格拉西亚大街的巴特罗之家，建筑外墙绘画表现的内容，是与加泰罗尼亚守护神圣乔治有关的传说。画中令人感到诧异的骷髅和骨骼，可以解释为被圣乔治打败的恶龙曾杀死过不少的人。恶龙脊背上的鳞，由可呈现赤橙黄绿青蓝紫七种色阶的瓷砖屋顶构成。恶龙张开的双眼，显得十分生动有趣。这种以神话和圣徒为题材的表现形式，就是为路人创作的艺术，亦即为大众而创作的艺术。

（Parsifal，瓦格纳创作的三幕歌剧，1903 年圣诞夜在纽约大都会歌剧院初次演出——译者注）

在瓦格纳的作品中，最为高迪喜爱的是其创作的最后一部歌剧《帕西法尔》帕西法尔。这部由三幕组成、宗教色彩浓厚的歌剧长达 4 个小时。剧情梗概如下：

"在西班牙的蒙萨尔瓦特城堡里，放着耶稣在最后晚餐中使用的圣杯。上帝将守护圣杯的使命交给了一位名叫帕西法尔的年轻人。可是，帕西法尔对这一使命并不在意，照旧放浪形骸。后在上帝的启发下，才领悟到使命的重要性，并用上帝赐予的智慧战胜魔法，守住了圣杯……"

瓦格纳选中圣山蒙特塞拉特作为歌剧里蒙萨尔瓦特城堡的原型，因为这座山是加泰罗尼亚人天主教信仰和民族团结的象征。高迪从学生时代开始，便对那高高耸立、钻入云端的奇妙山岩有着浓厚的兴趣，并将其作为造型的原点。圣家族教堂和古埃尔领地教堂构想的玉米棒形态就是如此。得知自己热爱的瓦格纳选择了被自己视为造型原点之处的圣山作为创作背景地，让高迪喜出望外。而且，主人公帕西法尔从上帝那里获得智慧、接受使命的过程，与高迪从一个无神论者转身成为虔诚的信徒、继而萌生建造圣家族教堂使命感的过程不谋而合，并因此产生强烈的共鸣。在高迪的脑海里，帕西法尔的旋律与蒙特塞拉特的光景交错闪现，汇成一部巨大的交响曲。

帕西法尔的音乐性被直接表现在高迪的作品中。位于巴塞罗那东北方的古埃尔公园，便是以面积约 15 公顷的山丘作为舞台建造起来的。笔者认为，高迪的初衷或许就是要在这里上演一部庄严的三幕歌剧。

第 1 幕 "破碎的瓷砖"：在让人联想到《亨塞尔和格蕾特尔》（*Hänsel und Gretel*，德国语言学家格林兄弟创作的童话，亨塞尔和格蕾特尔是童话中的一对兄妹——译者注）中点心房子的公园入口处，建有门卫室（门房小屋）和接待厅，正面的大阶梯展示的红黄两色加泰罗尼亚旗以及户外剧场摆放的长椅，无一不被破碎的各色瓷砖装饰起来。

第 2 幕 "岩石"：抛物线形的长廊、形状各异的立柱，全部都采用从公园地块内开采的红褐色岩石砌筑而成。

第 3 幕 "树木"：从岩石般的表皮生出茂密绿叶的棕榈树，美丽绽放的草花。

观众可以一边陶醉在由破碎的瓷砖、岩石和树木构成的和谐氛围中，一边踏着乐曲的节奏前行。古埃尔公园原本是按照建 60 栋商品房的住宅区规划的；可是，在仅仅建成 3 栋之后，就因资金困难被迫中断。这一计划的中断，反而为公园的建设提供了契机。作为高迪倡导的综合艺术成

古埃尔公园/高架桥下的回廊

果之一，使我们今天能够有幸观赏到它。

在《帕西法尔》的第3幕中有这样一个场面，舞台上铺满了芳香馥郁的鲜花；主人公帕西法尔为了完成守护圣杯的使命，刚要去往蒙萨尔瓦特城堡时，从城堡那边传来正午报时的钟声。钟声的重要意义在于，它暗示着悠长故事的高潮就要到来和结局将是蒙萨尔瓦特城堡一片欢腾。笔者想象，高迪也循惯例在圣家族教堂的钟塔上安置了大钟，其理由之一或许源于他在梦中看到的情景：遥远的未来，让钟声响彻在巴塞罗那上空。

关于圣家族教堂的诞生之门，大诗人马拉加尔曾在1900年歌咏过："诞生之门并非建筑，那是从石块中诞生的诗……"门上自然少不了基督和玛利亚的塑像；然而，门整体上透出的故事性，确实不是单用"建筑"一词就能概括得了，其中蕴含着太多难以知晓的各种艺术元素。

人们认为，高迪建筑直至今天仍然得到全世界的赞扬和支持，理由之一是因在其作品所构筑的空间中普遍充盈着音乐性，这也正是作品吸纳瓦格纳"为大众"综合艺术论思想的根本体现。日本开始一般性地介绍高迪建筑，应该是多年前的事了。米拉之家屋顶上像陶俑一样的烟囱和阶梯室造型群中着奇装异服的偶人广告，都引发人们跳舞的欲望，这恰好说明其中表现出的音乐性。

瓦格纳与高迪并没有见过面。可是，由建筑界的革新者高迪和音乐界的革新者瓦格纳共同开创的现实，却被看作"通过神交结合的艺术"。

我们再回到本文开头记述的高迪与贵妇人的对话上。高迪继续对不断嘀咕"所有艺术……"的贵妇人说：

"艺术闪烁着真理的光辉。我每天都被真理的光辉照耀着。"

虽然圣家族教堂尚未完成，高迪也自觉将不久于人世，但是他仍旧沉浸在亲手创作的喜悦之中，晚年度过了灿烂的每一天。

将瓦格纳的综合艺术作为理想的高迪

一个试图用建筑表现音乐优美旋律的人

撰文：加藤宏之

一座优秀的建筑，不仅会让看到的人产生喜悦之情，而且还将使人在精神和观念层面感受到乐趣。建筑师不只是在追求形态上的美感，也给建筑附加了象征性意义，因此便使见到的人像读故事似地着迷。最近，功能主义建筑已经不如过去那样多了。在欧洲，给建筑附以象征意义是理所当然的事。建筑除了是一个安全、便利和舒适的结构物，还应该是传达某种意义或信息的媒介。高迪则是忠实继承这种欧洲传统的建筑师之一。

在欧洲，建筑与音乐的关系越来越密不可分，它们已经成为一对孪生兄弟。早在中世纪，人们即以数学为基础创作出音乐；建筑作品产生的背景同样没有离开数学。11世纪的克吕尼修道院（公元910年由亚吉田公爵为敬虔者威廉在法国勃艮第索恩—卢瓦尔省克吕尼建立的天主教修道院。修道院发起的天主教改革运动对其后二百多年的天主教会产生极大影响——译者注）的建筑师昆左，说起来还是以音乐家成名的。文艺复兴时期，祭品的制造者都是建筑师。虽然达·芬奇、米开朗琪罗和贝尔尼尼作为视觉领域的天才广为人知，但在他们所处的时代，受到重用的还是音乐家和综合艺术家。现代建筑的天才弗兰克·劳埃德·赖特和勒·柯布西耶，前者认为"音乐与建筑的区别仅在于素材的性质及其使用方法"；后者则说"建筑是空间的交响乐。"连高迪也像他说过的"建筑的价值高低取决于它的空间是否具有音乐性"那样，成为在传统谱系中居于重要地位的建筑师之一。要想对具有强烈象征性和音乐性的高迪建筑进行解读和诠释，一个重要的途径就是通过音乐家理查德·瓦格纳，尤其以现代象征性表现的观点看来，更不应忽视他的歌剧。瓦格纳歌剧的特点，是改变了旧歌剧的那种歌曲和台词交替反复的形式，将诗歌与音乐紧密结合，让音乐不再间断。这样，不仅使音乐具有了文学性和视觉性，而且将舞台上的全部要素一体化，使之成为综合性的艺术形式。唯其如此，瓦格纳的歌剧已不再像莫扎特那样仅通过日常生活片段赞美人类，而是能够以宏大的场面去描绘神话和传说中的自然与人类、生与死的戏剧冲突。

毫无疑问，年轻时便喜欢格林高利圣歌（Gregorian chant，罗马天主教礼拜仪式上咏唱的单声部赞美诗，贝多芬曾为之配和弦——译者注）、酷爱音乐的高迪，已完全为同时代的瓦格纳的歌剧所倾倒。并且在高迪看来，建筑也不过是与声音世界结为一体的歌剧而已。在高迪的建筑中，歌剧色彩最浓厚的作品当属古埃尔公园和圣家族教堂。前者以乌托邦作为主题，由三幕构成；后者则是前歌剧时期的庄严宗教剧。二者都将基督降生以后的加泰罗尼亚或现代都市巴塞罗那当作舞台，成了为市民演出的宏大歌剧。

在古埃尔公园，只要参观的人一到门前，幕布便徐徐拉开。第 1 幕是由破碎瓷砖演绎出的加泰罗尼亚神话。童话中的房子，被蛇、龙和蜥蜴装饰着。从古希腊神话中的赫拉克勒斯守护金苹果园的传说，演变成加泰罗尼亚的乌托邦，这些金苹果园里的动物也被借用过来。

第 2 幕是广场和游步道。作为田园都市一部分规划的这座公园，为了充分利用山坡的地形，沿等高线将高度划为三等分。其中段部分包括，使用山里开采的岩石铺成的高架游步道和排列着多立克圆柱的广场。表面凹凸不平的石柱和高低起伏的墙壁构成一条不规则的拱廊。半人造的游步道，整体看上去犹如史前巨大生物的胚胎或是穿越大自然的恶龙居住的洞穴。亦即，第2幕场景说明乐曲旋律正朝着古希腊式的人类世界变奏，这样的人类世界因尚未开化而会有种生命孕育过程中的恐惧感。

第3幕是沐浴着地中海灿烂阳光的空中广场、希腊剧场，与其正面看到的哥特大教堂和圣家族教堂一起，使大都市巴塞罗那具有了强烈的韵律感。布置在公园四周的长椅，用破碎的鲜艳瓷砖拼接出的图案，正在为圣母玛利亚献上一曲曲祝祷的歌声。长椅弯弯曲曲地延伸至远处，就像歌声优美的旋律。回过头来看后面，蜿蜒的小路越来越高，一直通往天际。最高处就是"各各他山"（希伯来语 Golgotha 的音译，又被译成"骷髅地"。传说耶稣被钉十字架的地方——译者注）。广场简直就像世界剧场一样，成为古代、中世纪和近现代绵延相续的上帝与世上的人相会的场所，而且作为圣地和世界的中心，也是空中回响着音乐的地方。

圣家族教堂这部歌剧虽然尚未谢幕，但是它八座高耸的钟塔奏出的乐声，却早已响彻全世界。高迪曾说："听觉是信仰的感觉，视觉是光荣的感觉。光荣就是上帝的宣明，因此视觉也是光、空间和造型的感觉。"在他看来，教堂不仅是连接天地的场所，也是融合视觉与听觉，获取重大信息的地方。

在取得以纺织工业为中心的产业革命的成功之后，巴塞罗那很快就开始了现代城市开发的进程。然而与此相悖的，是社会秩序急剧陷入混乱，市民的宗教信仰也日见淡漠。虔诚的天主教徒、宗教书店的店主博卡贝里亚见此光景，常常为之感叹，并产生这样的想法：建设一座弘扬圣家族精神的教堂。继承博卡贝里亚意愿的高迪，则必须将这样的意愿通过整

圣家族教堂/钟塔顶端部分

座教堂传达给整个巴塞罗那。

高迪仿效瓦格纳最后一部歌剧，试图用钟声来实现自己的目的。歌剧中从远处传来的钟声，成为玷污圣地的巴塞罗那获得拯救的象征。高高伫立的钟塔中，悬吊着多个由高迪精心设计、长达20米的管状钟。与过去那种齐奏一个音阶的吊钟不同，它的设计方案，是可用电动锤连击发出各个音域的和声。而且，通风孔一样的多孔状钟塔造型，也起到了音乐共鸣箱的作用。在整个巴塞罗那混响的钟声，就像高迪留下的一支乐曲。也就是说，圣家族教堂钟塔被设计成了巨大的管风琴，通过视觉传达上帝的宣明，经由听觉奉献祝祷的圣歌。

怀旧的钟声在日本石川大街上响起

高迪的钟——形式与内容

撰文：沼田直树

"圣家族教堂是件巨大的乐器。"人类历史上这一罕见尝试的地方，就是面对波光闪烁地中海的巴塞罗那。

在遥远东方的日本，也重复了这样的尝试。为了实践高迪秉持的理念和说过的话、并且追随他在工程中留下的"足迹"，终于造出了类似的乐器——大钟。

马勒（Gustav Mahler，1860-1911年，出生于波希米亚的奥地利作曲家、指挥家——译者注）动人的交响曲《复活》（即《马勒第二交响曲》——译者注）结束时，会场上响起热烈的掌声。

2003年秋，在石川（日本的县，位于北陆地区中部——译者注）艺术双年展庆典上，石川管弦乐团演奏的交响乐，在最后一个乐章用了高迪的钟声。出人意料的清澈音色，似乎是圣徒高迪从远方发出的召唤。

诞生在加泰罗尼亚的天才高迪所制作的这件巨大乐器，仍然要假以时日才能解开其中之谜；不过，那令人期待的创造之旅却不会完结，还要延续下去。

由城市规划师伊尔德方斯·塞尔达规划的巴塞罗那街道，如棋盘一样井然有序。在城市的一角，体量和造型都令人震撼的圣家族教堂仍在建设之中。每次造访巴塞罗那，尽管只是一点点，但总会看到它像庞大的生物一样不断地增殖。八座钟塔大体建成，东侧面对朝阳的四座钟塔系

圣家族教堂/受难之门立面

诞生之门；西侧面对落日的四座钟塔为受难之门；南侧尚未竣工的四座钟塔则是光荣之门，待完成后将成为正面入口。十二座钟塔代表基督的十二使徒（上面均刻有使徒的名字——原注），这些设计的塔能够用来传播基督的思想。

对于雕塑的创作手法，高迪非常注重视觉效果；但这仍未达到给予他影响的瓦格纳设定的综合艺术标准。为此，他考虑再增加听觉效果，即通过以声音表现基督思想的手段使其更臻完美。

而且，这样的"声音"从代表十二使徒的各个塔里传出，传遍巴塞罗那的大街小巷，通过消音室（chambe）在大教堂内部回响。十二使徒的声音被分为三种音色。在诞生之门的四座塔上，安装着由八十四根筒状青铜钟（通过撞击发声，具有全音和半音音阶。最长可达 20 米——原注）构成的排钟（carillon）；受难之门的四座塔安装着靠风鸣响的管风琴，由无数个长短不一的管状发音器组成；在光荣之门的四座塔上，设置了多架老式铃形钟。塔中所有的乐钟，均可通过电动键盘演奏。

可是，为什么要将乐钟设计成筒状？这恰恰是高迪的天才创造，而且其完美的造型也无可挑剔。

过去那种铃型钟，音色完全取决于形态，具有一定的偶然性，尽管敲响后声音可以传得很远，但是调律十分困难，对工匠技艺的要求很高。钟系使用大小不同的模型铸造而成，再一点点地磨削钟的内侧进行调律，显然不尽合理。高迪虽然搜遍了与钟相关的各种资料，可是一无所获。最终制造的筒状钟，则采用了这样的方法：铸造时使用相同的模型，铸成后再逐次截短长度便可准确调律。

为证明纵向长的钟音响效果更佳而曾用于实验的 2.8 米长筒状钟，至今仍保存在巴尔纳贝塔的最上部。高迪建筑与从前的欧洲教堂建筑的最大区别，似乎就在于运用新的数学理论，使形态和空间发生了明显的变化。

进入 19 世纪之后，非欧几里得几何学的出现，导致爆发了一场数学革命。以延续已久的毕达哥拉斯定理为代表的欧几里得几何学，正在被从新坐标系思考的黎曼几何学和双曲几何学取代。在物理学天才爱因斯坦的广义相对论中，便采用了黎曼几何学的运算方法；而双曲几何学则被高迪用在自己的建筑设计上。钟塔的结构为抛物面体（抛物线回转体外墙的整个下部只承受有限的作用力，使结构更加合理——原注），螺旋状的阶梯加大了双重墙之间的强度，并以此构筑出钟塔的内部空间。高迪告诉自己的学生："这里悬挂的是双曲线回转体的钟。"此外，会使双曲线形态发生改变的渐近线角度也是设定的。考虑到音响效果的需要，一部分钟的造型可发出类似铃形钟的声音。我们能够设想，这些钟在螺旋状的塔内，被以三维数学的美学方式悬吊着。受难之门的塔的剖面，并非是诞生之门那样的正圆，而是椭圆形，至于余音效果究竟如何，还是个未知数。尽管如此，其复杂的程度却颇具观赏价值。

另外，按照高迪的说法，回荡着无数复杂声响的礼拜堂，却是一个以森林为形象的静寂空间。礼拜堂顶棚（形象系森林中的树叶——原注）采用的双曲线抛物面体（双曲线抛物面薄壳结构——原注），则是由高迪开创了建筑史的先河（此结构也用于毗邻的教会学校屋顶——原注）。这种以全新的数学理论构建成的顶棚，会让余音时间变得极短，就像消失在森林中一样。实际上，有着双曲抛物面体顶棚的古埃尔领地教堂地下礼拜堂的余音时间更短。高迪的空间以及音乐，无一不是通过创造性地运用数学理论完美地构建出来的。

具有这样复杂音色的乐钟，在同样复杂的钟塔空间内回响，当传到外部时，就成了基督十二使徒的声音。

圣家族教堂/穿廊

而且，这也是一部由三种音色交混的三重奏组成的宏大歌剧。只要想象一下圣家族教堂完成之日，即是基督的声音向四方传播之时，人们就能够一起分享内心的喜悦，这正是高迪生前未实现的理想。长达 20 米的筒状钟，曾被认为无法设置；但最终还是制定出安装方案，或者说发现了安装方法。只要将钟的安装完成，哪怕听不到钟声也不再挂念，余下的事可以托付追随高迪理念的后来人。因为，这恰恰是高迪留给人类的启示。

皇家广场的街灯

第 7 章 关于日本

高迪在日本留下的印迹

撰文：松叶一清

植根于伊比利亚半岛的高迪建筑，也越过重洋给日本带来很大影响。在融入国际化风格元素的正统现代主义谱系已成为主流趋势的过程中，新的流派也在日本出现。日本的高迪建筑风格，也成为日本走向现代化的又一个象征。

在高迪因交通事故去世的 1926 年，恰逢日本改元，即昭和元年。第二年，东京最早，或按海报的说法应该是亚洲最早的地铁上野浅草段开通。高迪离世的那一天是 6 月 7 日，由于地铁开通时间提前，因此两件事发生的时间间隔约为 1 年半左右。巴塞罗那的崇高精神，竟以想不到的形式与当时正忙于震灾复兴的日本达成了最初的邂逅。

相当于今天东京地铁（东京 Metro——原注）鼻祖的"东京地下铁道"，是由早川德次（1893-1980 年，日本实业家、发明家，以自动铅笔和德尾扣子的发明者闻名于世。夏普公司创始人——译者注）作为民营公司创办的。早川于 1914 年曾赴欧洲考察，确信地铁是现代都市不可缺少的设施，并要将其引入日本。然而，作为城市的基础设施，全部由一家私营企业来建设，可以想象困难有多大。最后通过募集私人资本，好不容易才将其建设起来。早川所表现出的高尚品德已不局限在企业家的意义上，何况他制造的产品也完全可与欧美产品匹敌，甚至更好。他眼光独到，将创意的重点放在车辆的设计上。并且，委托当时任早稻田大学助理教授的新锐建筑师今井兼次（1895-1987 年，日本大正、昭和时期著名的建筑

米拉之家/入口处的门

师，早稻田大学教授——译者注）赴欧洲考察地铁。

今井的此次欧洲之行，其收获已经远远超出直接的目的，极大地影响了日本现代建筑运动的发展。今井在考察欧洲主要大城市时，现代建筑运动正在兴起，他一个接一个地拜访这场运动中的骨干人物，进行面对面地交流，并将交流的结果交给建筑学会期刊以小册子的形式发表。这对日本建筑师们的触动很大。

人们认为，高迪也在今井预定面谈者的名单上，但最终却未能如愿。尽管如此，今井去现场看过正在施工中的圣家族教堂后，仍然深受感动。这一经历，也使今井以往的风格有了很大变化，在他内心深处起到的作用，是遏制了现代建筑主义朝着功能主义和实用主义的方向发展。

明治时代的东京在关东大地震遭到破坏之后，究竟应该再建为一个什么样的国都，已成为日本的沉重负担。然而以今井为代表的年轻建筑师们，却一心要将这片焦土变成展现自己才华的新天地。赴欧考察前的今井，曾与他人结成一个名为"流星"的小组。在当时的复兴建设中，尝试采用"和洋相济"的表现形式。不过从某种意义上说，其基础并不扎实；只是因为施工赶进度的缘故，这一表现手法的优劣始终都无人在意。

我们看今井战前的代表作早稻田大学图书馆（1925 年），他在风格上的变化一目了然。这座图书馆的样式显然借鉴了由朗纳·厄斯特贝里（Ragnar Östberg）设计的斯德哥尔摩市政厅（1923 年），具有很高品位的罗马式空间形象被塑造在现代建筑中，至今仍让我们着迷。在庆幸出现了现代建筑师今井兼次的同时，我们也惊诧地看到，同时代的建筑帅对欧夫建筑界动向作出的反应是如此及时。而早川这样的雇主和保护人，正是其背后的支持者。

与外观上因循现代建筑章法的早稻田大学图书馆相比，最能体现今井创造理念的是日本二十六圣人纪念馆（1962 年，建于长崎，用以纪念丰臣秀吉时代的 26 位天主教殉教者——译者注）。虽说规模不大，但也布置了两座圣家族教堂那样的塔楼。

这座显得异类的建筑，伫立在长崎火车站前最显眼的斜坡地上。如果你期望它有圣家族教堂那样的庞大体量，也许会感到失望。但是必须知道，它在整体上所凝聚的今井建筑理念，在日本建筑史上始终闪耀着灿烂的光辉。

施工过程中，将破碎的有田烧（以日本佐贺县有田町为中心烧制的瓷器，故名——译者注）器皿贴在墙面上。选择这样的表现手法，也源于长崎的传统文化。据说，类似这样的作业往往由建筑师亲自动手。约翰·拉斯金曾警示世人："由一块块巨石构筑起来的中世纪精神，哪怕到了现代也是不应该忘记的。"现代建筑罕见的今井的表现手法，恰好可与拉斯金的《威尼斯之石》一书相呼应。

26 位圣人成为丰臣秀吉时代的基督教牺牲者，其中 6 人是外国传教士，另 20 人为日本基督教徒。纪念馆是作为一个祝祷和颂扬他们的场所创建的。虽然这与高迪并无直接关联，但今井却在这里再现了他平生所见空间的最高境界。当你越过由舟越保武（1912-2002 年，二战后日本代表性的雕塑家——译者注）创作的雕塑耶稣受难像，眺望高处两座贴着有田烧瓷砖的尖塔时，对那种以体验实际高度为基础表现出的高迪风格，发出很多感慨的恐怕不只我一个人吧。

今井设计的皇宫桃华乐堂（现在的乐部音乐堂——原注）（1966 年），让他实现了要营造一座像圣家族教堂那样建筑的愿望。音乐堂是为庆祝香淳皇后 60 诞辰建造的，它开了东京高迪谱系建筑的先河。

显而易见，曾被长谷川尧（1937 年 -，日本建筑史家、建筑评论家——

米拉之家/顶棚

译者注）命名为"中世主义"的欧洲中世纪样式在现代复活，也是与今井同时代的村野藤吾（1891-1984年，日本著名建筑师——译者注）寻求的目标。日本现代主义正统谱系的代表者均为东京大学出身的建筑师，如前川国男（1905-1986年，日本建筑师，曾担任勒·柯布西耶的草图设计师——译者注）和丹下健三等人。在早稻田大学，则有开展"考现学"（考古学的谐称——原注）研究的今和次郎（1888-1973年，日本民俗学家，考现学的开创者，曾任早稻田大学教授——译者注）以及也是教授的今井；还有后来成为大师的毕业生代表村野。他们没有将现代主义奉为金科玉律，反而从中世纪的遗产中，发现了现代正在忘却的"真谛"。他们坚守着各自的立场，殊途同归地踏入了现代。

村野毕生都将厄斯特贝里设计的斯德哥尔摩市政厅作为自己的样板，他的代表作日本人寿保险日比谷大厦（附设日生剧场，1963年——原注），其内部空间设计处处都表现出对新艺术的膜拜；即使从外观上看，也让人觉得类似那种以高迪为代表的巴塞罗那建筑师布置在街头的城市建筑。可以理解的是，如果说高迪的目的是要营造代表过去时代的建筑，那么对此表现出敬意的村野作品作为巴塞罗那街头建筑的重复曝光，也是一种自然演变的结果。

在今天的早稻田大学系统中，仍被看作直属高迪谱系的人物是梵寿纲（1934年-，日本平成时代建筑师，毕业于芝加哥大学——译者注）。他设在早稻田大学校园内的建筑事务所，一看就让人联想到米拉之家。不过，建筑外观并不是仅从表面上模仿高迪，各个部位均被混凝土雕塑、铸铁造型和彩绘玻璃等装饰着，这些都是由像工匠一样能亲自动手的优秀艺术家们完成的。仅从这一点，也能够看出梵寿纲在创作上的过人之处。

采用天然树木铺成的美丽地面、由瓦工完成的漂亮顶棚和墙壁相互组合起来后，一座优秀的现代建筑便伫立在人们眼前，看到这座优美的建筑物，有谁会不发出赞叹之声呢！像这样的建筑，建筑师并未将它看作个人的创作。我想给出的评价，是作为一件包含综合性艺术元素的作品，它是采用现今流行的艺术家合作方式完成的。

即使表面的后现代主义色彩，也不必意味着对现代建筑风格的抵触。它恰好可以说明，在当今的建筑生产系统中，应该怎样做才能真正取得构筑良好空间的实际经验。梵寿纲的所有作品都充满强烈的感情色彩，这一点也深深地吸引着观赏者。与此同时，村野藤吾则把自己称为"当下主义者"。始终处在建设过程中的圣家族教堂，假设换个角度去看，也可以说正在不断诞生着当下。如果圣家族教堂失去了当下，高迪的精神也就不会再延续下去了。这正是梵寿纲留给我们的思考。

米拉之家/回廊

高迪在思想深处与日本人十分接近

圣家族教堂主任雕塑师外尾悦郎访谈

谈话：外尾悦郎

　　如今，圣家族教堂的建设已经由一个专门委员会来组织施工，该委员会的主要负责人是主任设计师霍尔迪·博内特，他的父亲是高迪的学生，且也曾担任过这一职务。教堂的施工，主要参照高迪留下的部分设计图纸和完成后的预想效果模型（其中大部分都在西班牙内战中遗失），采用最先进的电脑绘图手段，引入了现场浇筑钢筋混凝土之类的新材料和新工艺。尽管对这样的施工方法褒贬不一，但却明显地加快了工程进度。现在的计划，是到高迪逝世的100周年、即2026年教堂全部建成（已于2021年12月封顶——编注）。

　　装饰部分由两位雕塑家统筹规划。负责西侧装饰性雕塑的，是加泰罗尼亚最具代表性的雕塑家之一何塞普·马里亚·苏比拉克斯（Josep Maria Subirachs）。据说，那些差不多均以机械制成的"超现实性"雕塑群，也常被诟病为"不合时宜"。不过，苏比拉克斯本人对此却并不在意："新的事物总是不被人们理解。"采取一种超然的态度。在与西侧相对的东侧，担任雕塑设计的是外尾悦郎。他不同于苏比拉克斯，对传统的手工制作方式十分重视，作品也突出了古典风格。尽管是个日本人，但用岩石制成的雕塑群却被称为"高迪作品的真正延续"。

　　一个日本人，为什么会去建造作为加泰罗尼亚象征的教堂呢？他与已经去世的建筑师高迪又有着怎样的渊源呢？他们的共同目标究竟是什么？在施工中的圣家族教堂工地一角、他的工棚里，伴随着工地上机械的轰鸣以及偶尔插入的他与来请求指示的工匠们的谈话，我们凝神静气地听他娓娓道来。

高迪的遗产

——高迪的意愿是以怎样的形式留下来的？你们是否一边参照高迪留下的设计图纸和模型一边进行施工？

这里有两种模型，将被用作建筑的 7 根雨水管，其外形被制成了卷轴和金袋形状。这虽然很能说明问题，可是却连高迪也没想到，因为他不知道后来要铺设的雨水管什么样。我来这里工作时，便一直听到"要在福音书家两侧敷设雨水管"的说法。当时并未在意，过后想了想，虽然只要制成简单的几何造型就可以，可是作为四位福音书家的证明仍然需要各自的象征物，假如不将他们全部表现出来，就无法体现他们存在的意义和理由。不仅如此，高迪的表现手法，总是将"功能"和"意义"二者融合在一起。按我的理解，他非这样做不可。因此，造出的雨水管象征着启示录中记载的七个封印，表现的主题乃是各位福音书家。

——我们从高迪的遗物中能够解读出什么？

我觉得我始终在与高迪对话。高迪并未留下圣家族教堂的详细图纸，生前也不曾给出任何指示；但却存有大量模型。这些模型似乎经常向我们发问："你打算怎样建造它呢？"类似这样的问题，值得我们殚精竭虑地去思考……我认为，高迪是个真正非常了解人性的人。

他不喜欢命令别人，也不愿被别人所强迫。但由此造成的完全放任，又导致他的不安。因此，他将自己的"遗愿"留藏在作为设计基础的模

圣家族教堂内的制作车间

型中，希望后人坚守，却又不想束缚他们的手脚。总而言之，他只是营造一种氛围，并已做到最好，相信后人能够完成他余下的工作。这正是我们今天一直在做的。

向以岩石作为建筑材料的欧洲学习

——是什么原因让你想来圣家族教堂工作呢？

实际上并非一开始就有这样的打算。我从京都艺术大学雕塑系毕业后，成了美术教师。但并不想放弃雕刻石头，便决定再去欧洲一趟，因为石文化就在欧洲。旅行途中，我来到巴塞罗那。当时，高迪还不像现在这样有名，甚至可以说他已被人们忘掉了。可是，书中有关圣家族教堂片言只语的叙述却让我产生了兴趣，并想去实地看一看。

——因此，你就去现场参观了？

是的。实际看到的建筑，几乎搞不清是在建设、还是在拆毁（那时工程还没有像现在这样大规模地进行），现场到处都是堆积如山的石头，应该是准备以后用于雕塑的原石。工程既像是修复，又像是新建。尽管对此一头雾水，但我也知道，这恰恰是值得去探索的东西。只要有做雕塑的机会，我就不想放过，无论哪里都行，哪怕只是雕个小方块。在讲了自己的想法后，他们决定让我试做一段时间，结果顺利通过，我就被雇用了。

——圣家族教堂是教会场所，今天甚至已成为巴塞罗那的象征性建筑物。假如在日本，会将神社佛阁一类的工程委托给外国人吗？

因为巴塞罗那位于加泰罗尼亚文化圈内，所以我觉得与其说圣家族教堂是巴塞罗那的象征，莫不如说是加泰罗尼亚的象征；唯其如此，我更加佩服加泰罗尼亚人胸怀之博大。除了佩服，还满怀感激之情。能够参与这样流芳百世的工程，我暗地里感到十分幸运；与此同时，对那种"超越形式的文化"中强烈的加泰罗尼亚色彩有了更深刻的体会。我觉得那就像一种叠罗汉（Castellers）的竞技表演（加泰罗尼亚地区特有的传统竞技，也被称为"人塔"——原注），一个人骑在另一个人的肩上，一层层地叠高，最后叠成塔的形状。圣家族教堂的基本结构就是如此。今年9级，明年10级，一层层地盖上去，施工者不断挑战着高度的极限。尽管这种挑战终究会完结，但它却长久地留在参与者的记忆中。

——人们都说，加泰罗尼亚的特点主要表现在精神层面？

与岛国日本不同，这里是连成大片的陆地。不过，因其面向地中海，故而成为连接伊比利亚半岛、欧洲大陆以及整个欧亚大陆的要冲。也是一个只要不声张，谁都可通过的地方，什么人都能到这里来。哪怕是一家人正在吃饭的时候，外人不敲门便闯进来，把屋里弄个乱七八糟又扬长而去。围墙是建不成的，因为人们知道就是建了也会被毁坏。这真是世界上罕见的"多种文化交汇处"啊。我想，他们的文化特征就是这样一点点地沉淀下来的吧。

——假如没有了国界，那就是一种超越国界的精神象征，或许也可称为"冲劲儿"吧？

你说的不错。加泰罗尼亚的面积与日本九州差不多，但人口却多达600万。如此狭小的土地，却养育了如此之多的人口，这一点也很让他们引以为豪。我想或许正是出于这样的自豪感，才促使他们产生强烈的愿望：一定造出名扬世界的建筑。这在高迪身上表现得尤为突出。他不仅如饥似渴地引进新材料和新技术，而且还将加泰罗尼亚特有的手工工艺和砖砌拱等建筑样式提高到世界水平。"引进"后再"吸收"，正是加泰罗尼

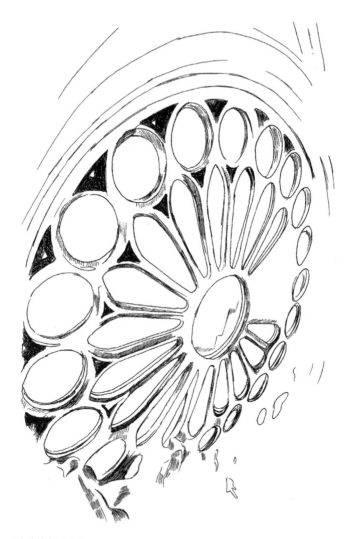

圣家族教堂/大花窗

亚人做事的特点。

——那么，高迪应该是加泰罗尼亚的结晶了？

如果这样说高迪也不算过分。高迪生活的时代，毕竟是一个诞生了包括多梅内奇·蒙塔内尔和胡霍尔等众多天才在内的现代主义盛行的时代。从19世纪末到20世纪初，处在工业革命浪潮中的加泰罗尼亚越来越富裕，那是一个充满机会的幸福时代。

共同的自然观

——如果说加泰罗尼亚大地诞生了高迪和圣家族教堂，那么作为日本人，要在这里发挥作用是否很困难？

我不这样认为。相反的，是日本人作为一个旁观者，更容易看清问题的实质。我认为，高迪的根基（既不是加泰罗尼亚，也不是宗教）是"自然"。高迪说过，要按照基督教法典营造建筑。法典中记载着每天要做的弥撒内容，在我理解就是西方的《岁时记》（中国南朝宗懔撰之《荆楚岁时记》，首开岁时记体例。此书在奈良时代初期传入日本，或为此处所指——译者注）。在这本书中，记载着季节更替、食物演变和天气冷暖等状况，是人们在长期生活中获得的各种智慧的结晶。传说，有个记者问高迪："你的老师是谁？"高迪指了指外面。那里只有一棵树，而且已经枯死。对于日本人来说，这难道不是很好理解的比喻吗？

——与自然对抗，要支配自然，应该说是西方传统的观点。高迪也没有完全摆脱它的影响吧？

听说，高迪年幼时体弱多病。他只能坐在一边，默默观察着其他孩子在原野上面奔跑跳跃。"自然观察的成果"是构成高迪建筑的一大要素；

日本人不也是喜欢眺望原野上的自然风光吗？酷爱樱花，欣赏新绿……这让人感到，加泰罗尼亚人关于自然的价值观与日本人真是息息相通。

——高迪要通过圣家族教堂实现什么目标？

高迪总是对映照巴塞罗那的"地中海之光"感到十分自豪。如今，我对此也有了切实的感受。这是一种以 45°角斜射下来、可映衬出立体美的光线。高迪被称为"圣徒建筑师"，并且系因事故意外死亡，因此更增添一层悲情和壮烈的色彩。实际上，他是一个非常坚强有力的人。他喜爱地中海的阳光，要建造的这座光芒四射的教堂，定会照亮这片正在复苏的大地。

——这么说，圣家族教堂是一座"光的教堂"了？

的确是。"神圣之光"便是教堂的主题。高迪构想出悬链式曲线和双曲线等多种新结构方案，均是在被直线阳光环绕的情况下，不会受到干扰的造型。譬如，立柱与顶棚之间就没有接缝。你看如今的建筑，立柱、墙壁和屋顶，在结构上是不是完全分离的？但高迪的建筑却不是这样；它们全都以相同的比例相互连接着。这是一种为做到合理采光而使用的手法。

——还有，当教堂建成的时候，表面全部都要涂上各种色彩吗？

高迪原来确实打算将教堂涂上颜色，不过现在还是保持原来的土色；也说不定什么时候会涂上艳丽的色彩。我们知道，希腊白垩色的帕提农神庙曾经是原色。同样作为一个地中海人，高迪自然也想让作品表现出地中海的特色吧。

阿蒂加斯庭园

后高迪时代到来

——现在，施工进度似乎快得多了，而且也在使用石头以外的材料。对此，你怎样看？

你指的是钢筋和水泥吧？其实，高迪也实验性地用过钢筋和水泥。所以，假如他还活着的话，我想处在这样一个新的非天然材料不断被开发出来的时代，他也会大量采用这些新材料的；只是不会像现在这样盲目滥用而已，因为他常常要从中选取最好的。圣家族教堂是座建成后应该长久存在下去的建筑物，考虑到水泥不足百年的寿命，对使用这样的材料，人们难免抱着怀疑的态度。不过，最近人们的想法似乎正在改变：坏了就坏了，到时再重新建起来就是。因为高迪的精神正在一个一个时代地传播下去，只要能保留其精神实质，又何必在意采用何种形式呢？

——谈谈你对石材的看法，又是如何想到使用其他材料的呢？

我是为了研究雕刻石头才来到欧洲的，又通过石头与圣家族教堂不期而遇。直到今天，我仍在寻觅通向高迪的道路。高迪是位伟大的人物，但不能因此就停留在对人物形象和生平事迹的研究上。展现在我们面前的，还有许多高迪生前没有来得及做成的事。因此，要了解这些事，并以此作为前行的目标才是最重要的；对于立志要接过高迪未竟事业的我们来说，也是义不容辞的事。为了能够站在与高迪相同的立场去了解加泰罗尼亚，我改信了天主教。今后，我的目标就是探索高迪视线的前面有什么，那前面的前面还有什么。

对高迪建筑长期自费进行现场实测的田中裕也

撰文：川口忠信

田中氏（田中裕也，1952 年 -，日本建筑师、工学博士——译者注）最初与高迪建筑接触是在大学参观旅行的时候。"至今仍清楚地记得，在巴塞罗那见到圣家族教堂时所感受到的那种无法形容的震撼。"他这样说。从国土馆大学工学部建筑学科毕业后，他便进入建筑设计事务所工作。可是，由于他是左撇子，画图总是要比别人慢得多，因此产生了挫折感。与此同时，学生时代便对高迪建筑印象深刻的田中，心中的憧憬之情越发强烈。3 年之后，他辞掉了建筑设计事务所的工作，乘坐西伯利亚铁路列车前往巴塞罗那。"我不知道在巴塞罗那将会遇到什么，只是漫无目的地东闯西撞，连语言也不通。"

这真是一段冒险的经历。试图一股气抛弃所有的挫折感和焦虑心情，之所以会产生这样强烈的冲动，也许就因为初生牛犊不怕虎吧。打那以后，在长达 35 年的时间里，他一边靠副业维持生计，一边不间断地使用皮尺测量高迪建筑。青春不会永驻，随着时间的推移，他也逐渐变得不年轻了。尽管如此，他仍然对探究高迪建筑的奥秘感到十分快乐。可是，在没有任何报酬的情况下，长达 35 年坚持不懈地去实地测量高迪建筑，他的动力来自哪里呢？

1978 年，田中再次踏上巴塞罗那的土地，他首先想到自己可以做点什么。他这样想，"我通过建筑专业学生时代和建筑事务所现场的学习，掌握了实地测量的知识。理论上虽然并不复杂，但唯有真正去实践，才能够亲自与作品接触，加深对其结构的理解。"因为都是利用模型对现场下达指示，所以高迪几乎没有留下任何设计图。田中的设想是，如果以实测数据作为基础，就可能重新绘制出设计图，从而凸显出实地测量的意义。然而，作为实测对象的高迪建筑，造型大多采用曲线，测量究竟应该从哪里开始，再到哪里结束，不是很容易搞清楚的，因此最初显得有些手足无措。

就这样，好不容易找到一个可以实测的对象。最初选择了古埃尔公园的阶梯，理由是想先从形状单纯的对象开始尝试一下。经过反复试错之后，田中决定坚持使用自己的方法：将实测尺寸填写在自己画的草图上，然后再拍摄照片，检查实测中有无遗漏的部分，最后绘制成实测图。坚持使用这一方法的实测，始于古埃尔公园，接着普遍用于巴特罗之家、米拉之家、卡佛之家……一直到最后的圣家族教堂。就这样，35 年过去了，田中绘制的实测图已经超过 1000 幅。

长期支持田中工作的人们都异口同声地说："一边从事工业设计和建筑工程来维持生计，一边坚持不懈地自费实地测量。田中这样做的动力，或许就源于他始终在与自己对话。"田中应该是个与艺术无缘的人，虽然从事建筑设计，需要画线条；但是对绘画却不在行。当见到高迪建筑、因无法描绘出那复杂的曲线而感到十分沮丧时，他内心中的自卑感和挫折感又死灰复燃。"实测的过程，你会感到踏上了与高迪共同发现新的自我的旅程。在高迪面前，你顿时会觉得自己无所不能，只不过要忠实于自我罢了。就像人们常说的那样，人总要挑战自我。"说到这里，田中笑了。

田中绘制的实测图得到多方面应用，并获得很高评价。以他的实测结果作为基础，悬挂在圣家族教堂钟楼上的乐钟也被绘成图纸。它的应用范围不断扩大，譬如借此推断出装饰巴特罗之家立面的纹样是神话中的星象等。作为一位忠实传达高迪意志的布道者，田中理应得到人们的赞许。

卡佛之家

第8章

相关评论

冈本太郎眼中的高迪

谈话：冈本敏子

高迪死后数年，冈本太郎（1911-1996 年，日本极负盛名的美术家，作品中蕴含着丰富的日本民族特色，有日本的毕加索之称——译者注）来到毗邻加泰罗尼亚的法国，在巴黎知道了高迪。

多年之后，他终于在巴塞罗那亲眼见到了高迪的作品。那么，在他眼中的高迪建筑究竟是什么样的呢？

就此问题，我们采访了给冈本先生做过 50 年秘书的冈本敏子。

"冈本太郎去巴黎是在 1930 年前后，两位摄影师朋友马雷和布拉塞曾给他看过一些照片，他是通过这些照片最早接触到高迪的。在当时的巴黎，他遇到了以新的视角看待高迪的机会。那些照片透出的时代气息深深感染了冈本太郎，他不住地赞叹：'太好了！真是太好了！'"

打这以后，冈本便产生一股冲动，想要亲眼看一看高迪建筑。因为当时正值西班牙内战（1936–1939 年）期间，只得暂时将这一愿望压抑下来。一晃近 40 年过去了，直到 1978 年，他才来到巴塞罗那，夙愿终于得以实现。

在巴塞罗那市内，先后看过圣家族教堂、米拉之家和古埃尔公园之后，在古埃尔领地教堂地下礼拜堂，冈田初次见到照片时曾有过的兴奋和激情又复燃了。

"'看过那么多地方，这里是最好的。高迪的全部精髓都被凝聚在这里，务必再来看一次。'一边说着，他仍目不转睛地盯着，久久不愿离去。确

古埃尔领地教堂地下礼拜堂

实如此，尽管米拉之家和古埃尔公园也很不错，但却过多地表现出了商业色彩。而古埃尔领地教堂则不同，它不受'参观者的情绪'影响，总是让人感到置身于圣洁的氛围之中。"

至于圣家族教堂，冈田看过后带着讽喻的口吻说："还是安装在教堂前移动游乐园中的旋转木马更有趣些。"在他看来，以路人作为模特制成的雕塑和大自然的真实主题之类，已显得索然无味，不过像是随便用个东西在琴弦上乱敲几下而已。

"在古埃尔公园道路两侧，支撑着突出屋檐的立柱表面凹凸不平，看上去十分粗糙；古埃尔庄园的飞龙又相当抢眼。"提到古埃尔庄园的大门，他又说："入口处的门应给人温馨之感；将一条凶猛的大龙横在那儿，实在太不相称了。"甚至对高迪艺术最为了解的古埃尔本人，一开始对这样的设计也很疑惑。恐怕引起冈田强烈共鸣的，不是高迪作品中的商业元素，而是一瞬间涌出的原始形象。

这段小插曲说明，在冈田心目中，不管要创作什么东西，都应该把脑海中构思的形象毫发无损地表现出来。

1970年举办的大阪世界博览会，冈田推翻了基础设施规划者丹下健三的方案，建造了一座高出会场屋顶的太阳塔。在建设主题场馆的2年期间，NHK一直跟踪采访，并对建造作业进行了全程记录。然而关于这座塔，NHK与他商量："时间太紧了，我们来不及制成影像，请你一定帮忙想想别的办法。"这倒也是。冈本建造的塔本来就是他自己构思的形象，整个建造过程又很顺利。他只好答应道："那好吧。"然后，按照NHK的要求，用石膏制成一个相似的模型，再一刀一刀地雕刻，包括在速写本上描绘造型等诸如此类的空中作业情景，以供NHK进行拍摄。

即使与世界级建筑师合作，也始终保持艺术家的超脱姿态，这倒很像高迪的作风。

"冈本太郎去巴黎时，肯定见过勒·柯布西耶，他十分关心诸如城市规划之类的问题。而且还常常站在建筑师的角度提出各种疑问。譬如，'如何让建筑物的功能做到人生活在里面更舒适，往往是建筑师最热衷的事情。然而，这却是一件无关紧要的事。难道漏点儿雨就不行吗？为什么对漏雨那么讨厌呢？''建筑物是供人们在此生活的场所。生活就像一出戏剧，情节中既有梦想和战斗，也有爱憎和悲喜。因此，作为生活的场所，建筑理应将这些都包容进去'等等。"

参观过前面提到的古埃尔领地教堂之后，许多人都表露了这样的印象：它简直就像被包裹在母亲温暖的子宫中一样。冈本太郎似乎也在那里感觉到了什么。对现代建筑一贯持怀疑态度的冈本太郎，其中一部分感触，也可以说是最深刻的部分来自引起他共鸣的高迪。

而且，与内向寡言的高迪正好相反，冈本经常会将内在的能量爆发出来，好像总是以钦羡的目光观察着高迪。"'能得到技艺如此高超的工匠们的帮助，他太幸运了。'冈本这样说，其实也是在描绘自己构想的公园形象吧。"倒真的很想看看由冈本建造的"古埃尔公园"会是什么样子。

再顺便提一下，冈本曾指着圣山蒙特塞拉特说："高迪正在做的事就是它！"在那个时候，能一语道破高迪的创作灵感来自连绵起伏的山脉，这真是很不寻常。

勒·柯布西耶关注的高迪

撰文：佐佐木宏

　　最近，在与高迪有关的著作中，有种观点认为，高迪虽然在西班牙国内名声显赫，但很长时间却几乎不为国外所知。因此，有不少记述都在探究建筑史学家和建筑评论家到底是如何认知和评价高迪的。进而为了对 20 世纪建筑领域的发展起到导向作用，人们列举出一些著名建筑师对高迪的看法和印象。其中，人们尤其关心勒·柯布西耶是怎样看待高迪的。

　　在勒·柯布西耶的相关著作和文献中，涉及高迪的内容十分有限，对于他们两个人，值得重视的记述多半都选自关于高迪的著作。写高迪的作者们，差不多都将勒·柯布西耶对高迪的关注看作评价高迪的一个指标；而拥戴和赞美高迪的写作者，甚至将那些对高迪完全采取漠视态度或在发表的著作中从未谈及高迪的建筑史家和建筑评论家的名字也特意列举出来。这种评价高迪的现象，到了 20 世纪后半期逐渐扩散，在 21 世纪似乎愈演愈烈了。

　　对于早已过世的建筑师这种异乎寻常的关切，在圣家族教堂上表现得更为突出。作为高迪的遗作，这座仍在建造中的天主教堂，恰恰因其明显处于未完成状态，才让更多的人对建成后的效果一直充满期待；即使在造型领域，人们也尝试从不同角度对其作出新的评价。

　　从最初见到高迪作品，大约过了 30 年之后，勒·柯布西耶的看法已经有了很大变化，而且这样的变化也让人感到十分有趣。

圣家族教堂附属学校

人们普遍认为，勒·柯布西耶访问巴塞罗那第一次见到高迪的建筑是在1928年（原注1）。当时，勒·柯布西耶只做了一件事：将高迪的作品圣家族教堂附属学校画成草图。

众所周知，这座学校的曲面屋顶，看上去就像起伏的波浪，建筑的墙体也同样是蜿蜒的曲面。建造学校的时间约在1908-1909年，在作为现代人的我们看来，肯定会认为那薄壳结构的屋顶和墙体都是由钢筋混凝土制成的。其实，它在设计上采用的是砖砌薄型拱顶及砖石砌筑结构，这种结构也是加泰罗尼亚地区的一种传统建筑工艺。

我们还知道，高迪在其他作品中也曾采用一些独创的结构方法，成功地设计出奇特的造型。以致最近出版的结构设计者著作，也将高迪当成了研究的重点。与那些华丽装饰过多的建筑设计比较，高迪的作品从另一个侧面获得了很高评价。应该说，勒·柯布西耶对这座学校的关注，表现出他所具有的深刻洞察力。

学校由连续双曲抛物面及圆锥面构成的屋顶和墙面，充分展示了高迪卓越的才能。尤其是屋面，并非由单纯的连续拱组成，而是成为一种前后扭曲似的交错设计。这一点让勒·柯布西耶特别感兴趣（原注2）。

砌石和砌砖的墙壁是西欧建筑的传统工艺；西班牙则开发出一种适用于薄壳结构的特殊工艺，名为加泰罗尼亚拱。高迪采用了这样的拱，并做了变形的尝试。

勒·柯布西耶在看到这样的结构方法之后，肯定也很吃惊。有不少著述都讲到，在对这样的结构倍加推崇的高迪赞美者中，勒·柯布西耶是受高迪影响较深的一个。

有个观点值得我们注意。那就是应该考察一下，为什么勒·柯布西耶只将采用曲面结构设计的学校画成草图。在此之前，当我们探索勒·柯布西耶本人的类似设计时，也很容易发现一些连拱屋顶的作品，如1920年的1层和2层的莫诺尔住宅体系的方案。这个方案，显然受到卡萨布兰卡码头的钢筋混凝土结构屋顶的启发，那是1915年由他的老师奥古斯特·佩雷（Auguste Perret,1874–1954年，法国建筑师，推广钢筋混凝土结构的先驱——译注）设计的。当时，勒·柯布西耶还在尝试使用一种叫作"雪铁农"的立方体设计住宅，说明他很早就对这两种住宅系统的设计作了探索。

勒·柯布西耶的拱形屋顶设计实例并不多。可以归入该系列的有1935年的周末住宅、1956年的贾奥尔住宅、艾哈迈达巴德的萨拉巴伊女士的别墅和1949年的"罗克"和"罗布"集体住宅方案等（原注3）。

被认为接近真相的说法，是在巴塞罗那参观高迪建筑过程中，勒·柯布西耶发现了与自己探索的方法相类似的设计，并将其画成了草图。勒·柯布西耶也许正是通过高迪的这件作品，才对加泰罗尼亚式的薄壳结构开始有所了解。

很早就对高迪发出赞美之词的画家萨尔瓦多·达利，在1968年写的一篇文章中，提到勒·柯布西耶曾于1929年公开说"高迪是巴塞罗那这座城市的耻辱。"（原注4）

可是，勒·柯布西耶却在1957年说高迪是"1900年代的建筑师，是能够综合利用石材、钢铁和砖瓦的建筑师。他的光辉开始在自己的祖国闪耀。高迪也是一位伟大的艺术家。"他所写的这篇关于高迪的著作的序文，发表于10年后的1967年。（原注5）

从此以后，勒·柯布西耶力挺高迪的说法便流传开来。甚至出现了这样的看法：勒·柯布西耶的一系列拱顶住宅的设计，全都是受了高迪的影响。

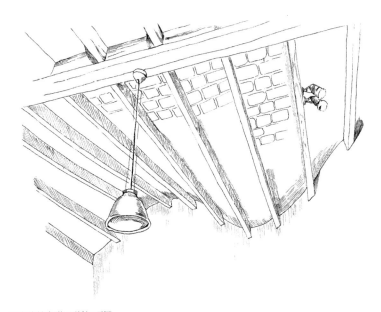

圣家族教堂附属学校/顶棚

目前，还不能说已经十分了解勒·柯布西耶与高迪的关系。如果将前面提到的序文中那种出于礼貌的表述放大解读的话，便很容易看作无条件的赞美，对此我们亦应慎重。

原注 1 "勒·柯布西耶初访巴塞罗那是在 1927 年"的记述系依据以下 3 份资料。

Le Corbusier Einer Synthese, Stanislaus von Moos, Frauenfeld,1968 年（《勒·柯布西耶：综合基础原理》斯坦尼斯拉乌斯·凡·莫斯著），日语版的《勒·柯布西耶生平——建筑及其神话》系由佐野天平根据法语版（1971 年出版）翻译，彰国社 1981 年出版。

Le Corbusier lui—même, Jean Petit,Editions Rousseau,1970 年（《勒·柯布西耶本人》约翰·菩提著）

Le Corbusier, Norbert Huse,Rowohlt，1976 年，日语版《勒·柯布西耶》由安松孝译，PARCO1995 年出版。

以上只在凡·莫斯的著作中明确记载勒·柯布西耶曾于 1927 年参观了安东尼奥·高迪的建筑。

原注 2 建筑评论家科内斯·弗兰顿讲过双曲抛物面的问题，并说勒·柯布西耶最早接触高迪建筑是在 1933 年。*Le Corbusier*，Par Kennth Frampton, Hazan, 1997 年。

原注 3 *Le Corbusier En France*, Gilles Ragot/Mathilde Dion Le Moniteur, 1987 年。该书作者提到了被正式冠以"周末住宅"名称的安菲尔别墅（Villa Henfel），勒·柯布西耶关于这座住宅连拱屋顶的设计源于 1920 的莫诺尔住宅体系，但也与 1928 年发现高迪拱顶有一定关联。

原注 4 达利在这篇文章中（序言）写的是《高迪：一位幻视者》（*Gaudi:The*

Visionary, Robert Descharnes/Clovis PreVost, Studio, 1971 年，罗贝尔·德夏尔内、克罗贝斯·普雷波斯特合著）。1933 年鹿岛出版会刊的日语版《高迪——艺术与宗教的宣明》（池原义郎、菅谷孝子、上松祐二、入江正之译）根据该书 1982 年版 *Gaudi:Vision Artistique Et Religieuse*, Edita 翻译。

原注 5 附有勒·柯布西耶序言的著作 *Gaudi,* Joaquin Gomis/Joan Prats Valles, Editorial RM,1958 年尚未发行日语版。

米拉之家/屋顶烟囱

直到再发现新的高迪

撰文：安东尼·塔皮埃斯

日译：铃木重子

这篇记述系根据安东尼·塔皮埃斯（Antoni Tàpies, 1923-2012 年，西班牙画家、雕塑家和艺术理论家——译者注）1989 年寄给《加泰罗尼亚报》的原稿翻译的。虽然在日本不太为人所知，但是相当长的一段时间，高迪的作品不仅在西班牙，甚至在加泰罗尼亚本地都被看作低俗趣味的极端表现形式。高迪和现代主义建筑师们被重新评价，并能够在历史的舞台上复苏，应归功于现代美术运动非形象画派的画家们，其中的代表者之一便是安东尼·塔皮埃斯。面向日本读者所写的有关高迪再发现的过程和实际的评价等，都曾在当地的报纸上发表过。

在日本的文化界和艺术界，高迪已经成为非常受关注的人物，其中的部分原因是，尽管不多，我本人也直接或间接地作出了一些贡献。关于这一点，我将在后面加以说明。如今虽然不像过去那样严重，可是直到最近，恐怕仍然有一部分日本人对高迪开创的世界现代美术全貌一无所知，忘记高迪存在的矛盾，尤其想不起那些要理解他的合作者和高迪本人不可或缺的另外一些大建筑师们，他们都曾在辉煌的现代主义时期活跃过；与此同时，又有将高迪过分神化之嫌。

我的意见，是自然应该照顾到日本读者的喜好，但也要具有启发同乡人好奇心的作用。鉴于此，我便适当地加了一些注解，以供读者参考。

对于生长在巴塞罗那的我们这一代来说，关于高迪作品的知识和评价，都是经过一番曲折才获得的。当大量事物出现在自己身边，别说评价，甚至难得去看上一眼。正因为我们的城市遍布现代主义建筑，所以竟被大多数巴塞罗那人当作世上极普通的事物，并不认为有什么特殊价值。那证据之一就是，我们年轻的时候对所谓的现代主义之类都毫不理睬。高迪也不例外，陷入"灯下黑"的怪圈之中。在我们那个年代，很难对高迪作出评价，反倒是漠不关心的人更多一些。况且，即便有人提出批评，也是些令人十分沮丧的看法。

事实上，我在孩提时代，或者很年轻的时候往往被告知，由高迪、多梅内奇·蒙塔内尔、普伊赫·卡达法尔赫和何塞普·胡霍尔等人创作的雕塑、绘画、家具及饰品之类，都是些极其低俗的东西，至少也是让人感到不可思议。关于现代主义你真要说点儿什么，一定会被周围的人们当成蠢货，甚至要摆脱那可怕的境遇都很难。当时的知识阶层和实际的政治领导人极力主张将社会思潮朝着与现代主义相反的方向推进，他们特别将所谓"Noucentisme"（1900 年代主义）作为当时的文化典范在加泰罗尼亚推广。

20 世纪 20 年代后半期，在当政的保守派中"理智者"观点的基础上，又出现两种意见，影响到加泰罗尼亚文化也开始沿着不同的方向发展。其中一派，对全世界正在兴起的前卫运动十分反感；另一派则鼓动向古典主义、光辉的地中海和古希腊庙宇的"永恒"范式回归。这不仅与 20 世纪 30 年代初期风靡欧洲的超保守思潮合流，而且也被渗透到巴塞罗那佛朗哥时代的美学中去。直至今日，这样的美学思想仍是保守派人士和迷茫者的理想，并被贴上了"后现代主义"的标签。

高迪虽然并未失去忠实的保护者，可是出于艺术之外的动机，尤其后

巴特罗之家

来在圣家族教堂继任者周围的宗教人士，表达了越来越具体的关切和利益诉求，对高迪日益扩大的名声也变得反感了。在真正意义上对高迪作出评价、并将其置于现代史较高地位的，是那场蓬勃开展的前卫运动。

分别属于加泰罗尼亚现代美术建筑振兴团体阿德兰协会及歌德巴克协会的成员焦恩·普拉奇和何塞·路易斯·塞特，1934 年在《塔基·李·达里亚》（Taki Lee Darya）杂志上发表了一篇关于现代美术的文章，首次对高迪作出了高度评价。

20 世纪 30 年代初，透过法国的超现实主义，高迪一度受到人们的关注。传说中，画家达利在从整体上宣扬现代主义、特别在进一步提升对高迪的评价方面更是乐此不疲。这或许源于他在《弥诺陶洛斯》（Minotaur）杂志上发表的那篇文章《关于前卫建筑外形的四种魅人之美》中的一些阐述。

在这些阐述中，达利将自己的许多固有观点套用在高迪身上。然而直到今天，他使用的一连串隐喻（诸如"施虐的顽固想法""另类的装饰"和"罪恶感"等）并不足以解释高迪的一切，而且也没起到扩大高迪名声的作用。实际上，也许可以这样说，达利倒是在败坏高迪的名声方面作出了"贡献"。因为在当时的达利看来，推崇现代主义将被人们当作愚蠢和丑恶的行为，无异于挑战整个社会。

正当合理主义和功能主义风靡世界之际，高迪的所谓"现代性"概念偶尔也会被同化，最终将阴影落在高迪的人物形象上。就连名副其实的合理主义倡导者之一勒·柯布西耶，虽然早在 1928 年便初访巴塞罗那，但直到 1957 年才说出心里话：高迪真让人着迷。如果再看看勒·柯布西耶的朗香教堂及其他晚年时的作品，便会晓得这话说得一点儿不假。遗憾的是，更多的合理主义者却在几年后将高迪忘得一干二净。

在 20 世纪 40 年代以后，我有幸能够接触到加泰罗尼亚少数内战前的前卫文化中坚者，如画家胡安·米罗、胡安·普拉奇、摄影家华金·戈米斯和建筑师何塞·路易斯·塞特（Jose Luis Sert）等，他们秉持（尤以毕加索和胡安·米罗为代表的）"新艺术及新建筑植根于现代主义"的理念，影响了一代年轻人。认识到这一点的，有以奥瑞尔·博格伊斯为首的所谓"R小组"中的一部分建筑师和作家布罗萨，在艺术家中包括我本人在内 [1949年，我们曾在《Dow al-intercepto》杂志上刊载的一篇短文中对高迪发出赞美之声，这件事或许很耐人寻味]。

到了20世纪40年代末，高迪开始受到巴塞罗那年轻知识分子和一部分艺术家的尊敬。能够想象，勒·柯布西耶及其他建筑师所经历的世界大战后的变化，大概也让我们遇上了。并且，对高迪或者一般意义上的现代主义进行研究和发表看法者，也在巴塞罗那出现了。譬如，虽然属于纯粹的建筑领域，但是提倡加泰罗尼亚国粹主义的亚历克山德拉·西里西和J.E.希尔洛特、稍晚的休雷阿里斯姆，以及受到幻想文学及美术影响的胡安·佩尔乔等人。据我们所知，J. L.瑟尔特还与当时任纽约古根海姆美术馆馆长的J. J.苏尼一起，准备出版一本与高迪有关的大部头图书。不过，直到1960年这本书也未问世。今天我在这里提到的，自然也只能是那些曾对绘画和雕塑界产生过影响的出版物。

在前卫艺术的一般氛围中掀起根本性变革、并将高迪尊为对接新时代的真正宗师，这一最重要的事实之所以发生，其根源就在于人们对合理主义的、几何学的美术形式已经兴趣索然；同时，一种虽然从国外引入、但在我同时代的艺术家中间却是开放的更加抒情和更具生命力的艺术正要萌芽。这就是所谓的"Info - Marizumu"（非定型主义，Informel）。我还清楚记得，在20世纪50年代初期的巴塞罗那，那种被解释成"现代性及功能性"（我则将其称为"Model-net""纯现代"）的"肥皂盒"似的

文森之家

几何造型，竟引起一场强烈抵制的运动。

差不多与我同时代的美术评论家米歇尔·塔比埃曾将各国艺术家召集起来，举办了一场世界现代艺术展。在我们看来，高迪的作品则是其中的领跑者。如有来巴塞罗那访问的人（先后来访的日本人有龙口修造、东野芳明、敕使河原苍风等），陪他们转上一圈，看看古埃尔领地教堂地下礼拜堂、古埃尔公园、米拉之家、巴特罗之家、文森之家和佩特拉尔贝斯的古埃尔庄园等，几乎是义不容辞的事。我们在讲述非定型主义艺术家时，作为最具代表性的先驱者，常常会以高迪为例 [其中最好的例子是米歇尔·塔比埃在（*Esthéique en devenir*）和（*Proléomés à uneesthéique autre*）中的相关阐述。在巴塞罗那，我本人也受到这些说法的影响，开始讲述高迪的故事]。毫无疑问，高迪逐渐获得世界承认与探索非定型主义是同时进行的。

最早由我的朋友拉蒙·茉莉亚（RM 出版社）印刷发行的一张高迪的"Photo Scope"（翻拍照片），是普拉奇和戈米斯提供的。在这之后出版的其他书籍 [马努埃尔·德·穆加编辑的我的文集也已由（polígrafo）出版]，还附有米歇尔·塔皮埃的序言。在一本部头最大的书（由 polígrafo 出版）里，还收入了佩鲁乔·鲍美斯以及索拉·莫拉雷斯等人的文章。

当时，无论造型、绘画还是雕塑，只要其中含有高迪的元素，都让我们如醉如痴。通过 20 世纪 50 年代的国际新艺术运动，从结构形态到其他领域都使我们获益匪浅。就像亚历克山德拉·西里西说的那样，当时，高迪的为人风格已被整个时代看成一种时尚，哪怕他真的犯有错误，也会被人们原谅。

然而，随着时代的变迁，这一切似乎正逐渐走向它的反面。现在有种广为人知的看法：高迪并不是独特的天才，他所取得的成就也应该由其他建筑师分享。有人还以多梅内奇·蒙塔内尔为例，认为他与高迪一样，也为建筑领域新潮流的涌动做了不懈的努力，甚至是他影响了高迪。这倒不是认为高迪不重要，只是觉得他在造型等方面对我们这一代产生的深刻影响，看上去好像都是他本人的功劳；其实他在许多地方，还不如他的合作者何塞普·胡霍尔的想象力那样丰富。可是，历史却在不知不觉间被改写，胡霍尔反而成了高迪的附庸。一个明白无误的事实是，在绘画和雕塑中即使采用最典型的高迪风格创作的最时尚的东西（"拼贴画""拼凑画"陶艺作品、锻铁细工、廉价材料的使用、大规模装饰性抽象造型的创作等），其中的大部分也同样离不开高迪的这位天才合作者胡霍尔的参与。假如没有胡霍尔，今天的高迪也就不存在了。

另外，围绕圣家族教堂旷日持久的施工而出现的一些议论，也将潜伏于高迪身上的矛盾再次公开化。

第二次教廷的宗教会议（此处应指由教皇约翰二十三世于 1962 年 10 月召集的宗教会议，亦称第二次梵蒂冈公会议——译者注）之后，巴塞罗那已经成为一座物质和精神多元化的城市，伫立在城市中的教堂个个气势宏伟、造型奇特，市民也以此为豪。有一点是肯定的，这一切都远出乎高迪的预料。如果依据原来的建造方法判断，圣家族教堂迟早将成为逝去历史的纪念碑。尽管既不符合教会提议的福音书更改的新内容，也与建筑的初衷相悖，但是工程仍在继续进行。如此一来，便使圣家族教堂失去了在过渡期的 20 世纪危急中成为一座伟大纪念碑的机会。这样的纪念碑，意味着民众被真正解放，不仅映衬出——或许因此才坚持将墙面铺满彩色玻璃——他们的清贫，而且也表示对他们的尊重。如果建成这样一座纪念碑，对我们的城市来说，才是真正值得夸耀的事。

[载于《高迪与巴塞罗那人》1989 年 6 月 6 日附录《先锋》(*La Bagarudia*)]

萨尔瓦多·达利对高迪也倍加赞赏

论新艺术建筑之恐怖可食的美

撰文：萨尔瓦多·达利（Salvador Domingo Felipe Jacinto Dali，1904-1989年，西班牙超现实主义画家，具有非凡的才能和想象力，与毕加索和马蒂斯一起被认为是 20 世纪最具代表性的 3 位画家——译者注）

日译：川口惠子

一些令人迷惑和难以理解的现象

现在有很多人在随意乱用所谓"1900 年样式"（注：可能指的是新艺术运动的样式，因为 1900 年的巴黎世博会是新艺术运动发展的最高峰）来创作文艺作品。这种现象不仅愈演愈烈，甚至趋于正当化。对此，可以用一句俗语来形容：这是在用一些怀旧感来引发人们对其发出一丝带有喜剧性的、快要被恶心得呕吐的"某种微笑"。比如利用"伤感透视"这种无耻而可悲的、投机取巧而鼠目寸光的方式创作的《笑吧！小丑！》[真实主义歌剧《丑角》中的曲目，用于表现剧中丑角的悲哀，该歌剧由意大利作曲家鲁杰罗·莱翁卡瓦洛（Ruggero Leoncavallo）编剧并谱曲]。但也正因为这种创作方式的出现，我们才能用纵观历史的视角来评价目前这一相对较短的年代。这样一来，在我们运用了被认为是我们所持有的唯美主义的考量之后，会发现其实那些时代性错误，即那些所谓"超脱常规之具象"（唯一的原始的定数），展现出了滑稽而忧郁的"转瞬即逝之物"的本质。如同人们知道的，那种表面显得不经意、又有几分谦卑

231

古埃尔宫/主层客厅的讲坛

的优越感，愈发证明存在一定的态度问题。因此，凡是对充满怀旧情绪的现实——其高度凝缩的艺术性甚至得到所有人认可——看不顺眼的人，总会板着脸孔极力贬斥这类现象，其"卑鄙下流"的程度竟让人觉得可笑。"防卫＝压制"成为条件反射，这种表面的一本正经是十足的背叛，只能引起一阵廉价的笑声——倒是有点儿像人们熟知的那种往往与泪水（与"惯常的记忆"假象对应）相伴的笑——与并不粗俗、却有几分节制的、发自内心的爽朗笑声交织在一起。回回以粗暴方式表述的"时代错误"无一不源自幻觉，施虐＝被虐＝蒙上一层魅人的悲剧色彩，或者用更加似是而非的说法：一种高尚却令人厌恶的现代风格建筑装饰。

如同1929年出版的《爱虚荣的女人》一书开头讲的那样，将脱离现代风格的建筑看作艺术史上没有与之可比的最具独创性的现象（一个毫无幽默感的说法），我应该是第一人。

这里涉及的，仅限于现代风格造型的非本质特征。诚然，在将其用于"造型"或绘画的目的时，让我说的话，就肯定意味是对这一运动非合理主义"文学性"本质的渴望的公然背叛。假如将"直角"和"黄金分割"的公式"置换成"痉挛＝波动那样的方程式（疲劳问题），到头来这能产生与前者一样的悲情审美主义——因变化的缘故，很快便感到厌倦——事实不过如此。最好依据下面的公式，曲线被看作最明显的、距离最短的途径，它是现在由某一点向另一点重新移动过程中形成的。然而所有这一切，也不过是"造型主义的最后不幸"而已。是一种反装饰性的装饰主义，均与现代风格的装饰主义理念相悖。

现代风格"吃人帝国主义"的出现

产生现代风格的"外部因素"十分复杂,彼此相互矛盾,范畴也过于宽泛。因此,不可能一下子将其解释清楚。至于"内部因素",同样如此;但聪明的读者似乎已经察觉到,我们所从事的运动并没有将唤醒人们意识到某种"原始饥渴"作为主要目的。

就像要确定"现象学方面"的因素一样,接下来试图从历史上寻找原因的一切努力都将撞到最大的难关。这主要是由个人主义汇集成的集体意识所致,它不仅产生过程非比寻常,而且其矛盾和粗暴的特征更是少见。所以时至今日,体现所谓"独创性灵感"前所未有革命性的现代风格,事实上只被看成一种唐突的表现和涌动的暴力。实际上,现代风格对于艺术来说,更像是带着严重外伤跳跃而展现出的姿态。

说到怎样传承过去的先天因素,最难以理解的是功能主义的本质。全部"要素"中,最活跃和最值得提倡的部分均可在建筑上找到。由于现代风格的运用,过去的建筑要素从频发的综合性痉挛变成了形态上的咀嚼,不仅产生了新的样式,而且还会在原初状态的基础上再生,并一定要普遍存续下去。因此,虽然这些(尽管从知性水平上看呈现出极不相容、难以逾越的对立状态)相互融合,却将审美价值降低到极限,并在其相互关系中,试图表现出可怕的不纯洁性,只能称其为梦幻中被错看成纤尘不染的关系。

现代风格的建筑,将哥特式变成了希腊样式和远东样式。这样的看法刚从脑海里闪过,就不知为什么又吃不准了。在唯一的窗口"微弱"空间和时间里,即刚刚从梦中得到启示、现在已经凸显的未知空间和时间里,这回原来的非对称形态也转为力学上的纯粹现代主义风格,变成了文艺

文森之家

复兴样式。即使将过去著名建筑物中那些极其自然的实用功能，放到现代主风格的建筑上去也立刻变得毫无用途，而且当其与功利主义的理智派无法并存的情况下，很奇怪为什么未能表达自己的观点，以致仅起到"欲望的作用"，也不具任何说服力。巨大的圆柱和中空的圆柱，就像因支撑脑积水的沉重头部易使颈部疲劳一样，这些倾斜着的圆柱仅靠自身已变得力不可支，并且第一次出现在水流有规律波动的环境中，波动的水流则是利用过去不太了解的瞬间摄影术的创意雕塑出来的。自五彩缤纷的涟漪间浮出的圆柱其实是一种非物质性装饰，它们如同逝去场所中朦胧的花朵和空想中命运的激情产生的渺茫希望，进而将物质化的痉挛性推移凝固起来，这种物质化的痉挛性推移与"勾起食欲"的水栖植物和新女性的发型一样，均有如烟云似地飘忽不定。这些表面装饰带有热度（37.5 度的微热）的圆柱，用类似醚化那种极其玄妙的方法雕刻在沉重的铅块上——（因愚蠢地将其重量搞得过大，必然成为重力概念的象征物）铅块具有让圆柱非合理力学结构变得更易了解的冷峻特性，突出了无限庄严的感情和冰封的不毛之地特征，使其越发丑陋不堪，成为一个恶作剧——从而陷入这样的宿命：像蜻蜓一样，不得不用那纤细的四肢支撑着柔软的大肚子。处在如此微妙而又暧昧的状况下，圆柱命定只能用来满足某种贪欲，真的成了"自虐狂式圆柱"。如人们所知，拿破仑始终作为所有正牌帝国主义的先锋，朝着既定方向前进；但到嘴的肥肉又因战后重建而被瓜分，仍旧以最初的柔软圆柱形态出现在世人面前。拿破仑式的帝国主义，如同此前的世纪交替一样，极端的辩证唯物主义也给土生土长的威廉·特尔（William Tell，席勒的最后一部重要剧作《威廉·特尔》，取材于 13 世纪瑞士农民反抗奥地利暴政的故事。歌剧由威尔第作曲——译者注）戴上一顶政治高帽，不外是利用烤好的美味牛排将其具象化为饕餮的"历史性食人狂"而已。

因此，在我看来，（这一点怎样强调都不过分）作为超唯物主义法外渴望最明白无误的体现，就是秉持现代风格理念的建筑。人们常常将现代风格的住宅与摆在点心铺和糖果店里过度装饰的蛋挞视为同类。虽然确实不想住进去，可是心里清楚，在华丽外表的遮掩下也有某种悖论流露出来。我们之所以要在这里将带几分讥讽的比喻反复提及，并非为了揭露唯物论的平庸，尽管它是直接将迫切的欲望混入理想之中的根源；因为只有利用这样的手段，才能直言不讳地指出：现实中的住宅应该具有怡人的魅力。像这样的住宅，不仅可以在里面吃喝，甚至还能增强主人的性欲。总之，凡是能够想到的各种必要"功能"，它都具备。也就是说，它可将欲望的对象变成现实怡人的功能。

现代风格、现象上的建筑、现象的一般性质

知性体系的价值一落千丈。已经达到精神脆弱极限的偏执狂更显露出抑郁状态：虽然抒情却更像白痴以及总体上的审美性无意识。抒情性也不意味着与宗教性相互作用，或者相反。逃避或无意识机理的凸显。装饰性自动记述、多动症、幼年期强度的神经症、躲入理想世界、对现实不满等。夸大妄想症、倒错的夸大妄想、"客观的夸大妄想"。令人震惊的事物以及对超审美独创性的追求和迷恋。自恋式绝对无廉耻程度、"反复无常"和对帝国主义"幻想"的热衷。尺度观念的缺乏。僵硬的欲望的实现。带有性的、非合理无意识色彩的装饰遍地开花。

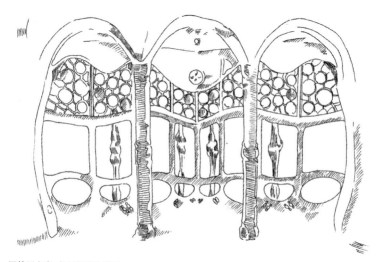

巴特罗之家/主层客厅的讲坛

精神病理学的类比

"歇斯底里雕塑"的出现。不断对性无节制地迷恋。雕塑制作没有历史先例的痉挛和姿势（后夏克特和萨尔贝特里埃尔派时代出现并广为人知的女性们）。与病理学上的传播相似的装饰错乱、恶化和早发性痴呆症，与梦境的密切关系、梦想、白日梦，独特梦幻要素的存在、压缩和置换等，各种癖好的流行，无人不晓的恶趣味装饰，被特殊罪恶感纠缠、异常消耗精力的"自我陶醉"。

造型之外的实际渴望

简直就是超雕塑的雕塑。水波、烟雾、结核前期及各种瞬间快感。女人、花朵、仙人掌、宝石、云彩、火焰、蝴蝶、镜子。高迪将某日海啸的滔天巨浪作为"装裱"，模仿大海的姿态造成房屋。别墅被建在静静的湖水中。这并不是自顾自地比喻或是童话。那些房屋都是实际的存在（巴塞罗那的格拉西亚大街）。这些现实中的建筑物，模仿倒映在水面的晚霞制成的雕塑。用色彩斑斓、奇形怪状的马赛克进行拼接，则使描绘出耀眼的彩虹色成为可能。由此展现出水的广阔形态、水的绵延形态、水的静止形态、水像一面镜子似的闪光形态、被风吹拂时水的起皱形态……被"自然主义样式化"的睡莲和羊草破坏、中断、缠绕和融合的浮雕，在瞬间连续出现力学上的非对称过程中，构筑出所有的水的形态。利用恐怖的厚重突出部，将各种水的形态高度具象化，形成一股污秽和亵渎之风，近乎疯癫的苦痛打破了原有的平静心态，陷入深深的矛盾之中。与此同时，一种难以置信的建筑立面在我们眼前出现了。这就像使用递给我们的勺子——曾用来盛血粥和臭肉的勺子——舀起食物送进嘴里，对待令人毛骨悚然的臃肿物的这种安之若素的态度，怎样的冷静都无法与之相比。

于是乎，利用倒映在湖水中的晚霞形态来建造用于居住的房屋（进而达到怡人的水平）就成了问题。而且，会最大限度地让作品蒙上一层自然主义色彩和产生迷幻作用。因此我们大声疾呼，比起湖底客厅之类单纯的兰波（或指 Arthur Rimbaud,1854-1891 年，19 世纪法国著名诗人，早期象征主义诗歌的代表人物，超现实主义诗歌的鼻祖——译者注）式潜水，应该有更大的进步。

各种方法中的客观辩证法

经筛选后接过来的形象。为疯狂的梦魇似的累赘外表所陶醉，并通过这种装饰上的失忆，用时而闪现、时而忘却的方式与造词癖似的样式置换，或者通过分析手段在字面上复制。为"活着的疯子们"建造的房屋。为色情狂建造的房屋。

美的回归

情色之欲是唯理主义美学的废墟。在逻辑的维纳斯已经死亡的场所中，唯一存在的是那种属于唯物论的活泼而又飘忽不定的美。在这样的美的星光映照下，类似"低俗的维纳斯"和"外表的维纳斯"的身影出现了。所谓美，不过是我们所有倒错意识的凝聚。就像布勒东（André Breton，1896-1966 年，法国诗人、批评家，超现实主义运动的创始者和理论家——

译者注）说的那样，"所谓美，岂不是痉挛性的东西吗？若非如此，可能就不存在。"一个"物化食人癖"的超现实主义新时代，同样得出相似的结论："所谓美，岂不就是可食吗？否则就不存在。"

（原文载《弥诺陶洛斯》，3–4 期，1933 年 12 月 12 日）

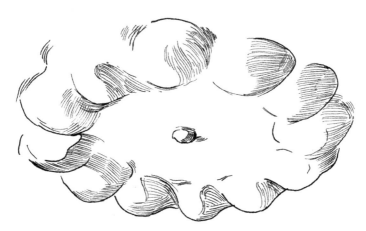

巴特罗之家/顶棚

高迪周围对其有影响的人

人生导师

最早发现高迪天才的人

阿里阿斯·罗根特（Elies Rogent，1821-1897 年）

巴塞罗那建筑学校的创始人、校长。高迪在该校学习期间，曾因违反校规被其训斥过；但与此同时对高迪的独创性也给予了高度评价，并以包容的态度处处维护他。由他发起并成立的"加泰罗尼亚建筑探访协会"开始重新认识加泰罗尼亚文化。他还曾与协会会员一起，寻访残留在巴塞罗那周边的哥特式建筑。高迪毕业时，他给出的评语竟是："我不知道是发现了一个罕见的天才，还是一个疯子。"

圣家族教堂与高迪结成一体

霍安·马托雷利（Joan Martorell，1833-1906 年）

现代主义的先驱。在作为工匠参与多个教堂建筑工程之后，最终取得建筑师资格。高迪为其做了 4 年左右的助手，并由其推荐成为圣家族教堂第二代建筑师。可以说，高迪能在建筑师岗位上取得巨大成功，马托雷利提供了机遇。

让高迪打消了死的念头

何塞普·托拉斯（Josep Torras，1846-1916 年）

古城比克的主教，率先推广加泰罗尼亚主义。在他的著作《真正艺术家的个性》中有一段话："那样的艺术应该具有普遍性、独创性和浓郁的地方色彩。"这让高迪产生了共鸣。不太注重物质享受的高迪，唯一的嗜好是吸烟。他曾劝高迪戒烟；在高迪要绝食至死，连朋友洛伦佐的话也听不进去的情况下，是托拉斯让高迪打消了死的念头。因此，他是经常接近高迪的人。

让高迪坚定对上帝的信仰

何塞普·马里亚·博卡贝里亚（Josep Maria Bocabella，1815-1892 年）

宗教书店店主，虔诚的基督徒。而且，也是圣家族教堂构想的创始者。因对意大利的主保圣人教堂印象至深，故决心在巴塞罗那建一座同样的教堂。他因琐事与无偿接受这项工程的第一代建筑师弗朗西斯科·德尔比利亚闹翻，将接任的高迪称为"上帝选中的建筑师"，并终生守护左右。遵照他的遗言，高迪从未停止过对不曾见过的独特教堂形态进行探索。

开启高迪的信仰之门

路易斯·马里亚·德·巴利斯（Luis Maria de Valls）

通过友人洛伦佐结识的圣费利佩内里教堂神父。因周围较亲近的人相继逝去，高迪对上帝的存在产生了怀疑，并且也对"上帝的房子能否建造"感到烦闷不解。这时，巴利斯将《基督教历法》和《圣经》送给高迪。以此为契机，高迪逐渐成为虔诚的基督徒。

高迪艺术背后的奉献者

真正理解高迪的支持者

尤西比奥·古埃尔（Eusebi Güell，1846–1918 年）

在长达 40 年的岁月里，始终力挺高迪建筑的保护人。通过他，高迪认识了克拉威связео·洛佩斯侯爵（曾陪同高迪去摩洛哥考察穆德哈尔样式），又通过洛佩斯侯爵与萨尔瓦多·卡布里乔的主人狄阿思·德·吉哈诺侯爵结识，从而使高迪在富人阶层中建起人脉。古埃尔具有锐利的审美眼光和极高的教养，他对高迪艺术的兴趣最终获得了成果。

高迪绝对信任的得力助手

弗朗塞斯克·贝伦格尔（Francesc Berenguer，1866–1914 年）

何塞普·马里亚·胡霍尔（Josep Maria Jujol，1879–1949 年）

霍安·鲁维奥（Joan Rubió，1870–1952 年）

贝伦格尔是高迪启蒙老师的儿子，作为同乡人，也被视作高迪的左膀右臂。尽管没有建筑师资格，仍然按照自己的愿望来到巴塞罗那，成为十分赏识他才能的高迪的助手，并受到亲兄弟般的呵护。他主要协助高迪做些结构计算和实验方面的工作。此外还有胡霍尔，他参与了巴特罗之家立面、古埃尔公园波状长椅的瓷砖装饰和米拉之家的后期处理等工程。高迪对这些工作的评价很高。卢比欧长于计算，同贝伦格尔一样，主要负责高迪建筑的结构设计。

家人、朋友

亲人爱高迪却过早辞世

高迪的家人

这是个不幸的家庭：在高迪出生之前，就有一个哥哥和一个姐姐早夭；高迪 24 岁时，哥哥弗朗西斯科亡故，接着母亲安东尼娅也随之而去；到他 27 岁时，姐姐罗莎死了；54 岁的时候，父亲又离开了人世。高迪 61 岁时，唯一活着的亲属是先天智障的侄女罗莎·戈雅，但她仍死在了自己前头。至此，高迪成了一个沦落天涯的孤独者。他意识到："如果将人的一生放在天平上称量，显然苦难要多于欢乐。"作为对已故亲人挚爱的一种补偿，高迪直至晚年都将全部精力投入到圣家族教堂的建设中去。

高迪的一位富有幽默感的朋友

略伦斯·马塔马拉（Llorenç Matamala，1856-1925 年）

他的雕塑手法得到高迪的绝对信任，他们不仅是老朋友，而且相互充满敬意，在人前均称对方为先生。略伦斯对工匠们也很信任，并且还能将高迪的各种严格要求准确转达给他们。针对高迪吸烟的嗜好，略伦斯经常转用幽默的口吻，如"你自己快成熏制品了""你脑袋里满是烟雾"之类，去劝说高迪。高迪的处女作"皇家广场街灯"及其他许多作品的铸型，都是由他制作的。

高迪生平创作年表

公元	建筑·装饰	年龄	高迪个人历史 同期加泰罗尼亚发生事件	社会/建筑界
1852		0	生于塔拉戈纳县雷乌斯城	拿破仑三世皇帝即位（法兰西第二帝国统治时期）
1876		24	哥哥弗朗西斯科和母亲安东尼娅故去	
1878	皇家广场街灯（1879年） 巴黎国际博览会手袋店展示柜设计马塔罗工会集体住宅（1880年，方案）	26	从巴塞罗那建筑学校（现在的加泰罗尼亚工科大学）毕业成为建筑师 开始与富豪古埃尔交往 多梅内奇·蒙塔内尔发表论文《为了国民的建筑》	巴黎国际博览会
1879	吉贝尔药房装饰设计	27	姐姐罗莎殁	爱迪生发明电灯
1882	格拉夫的狩猎小屋	30	圣家族教堂奠基仪式（第一代建筑师弗朗西斯科·德尔比利亚）	
1883	圣家族教堂（迄今建设中） 文森之家（1888年）随性居（1885年）	31	任圣家族教堂第二代建筑师	
1884	古埃尔庄园（1887年）	32		
1886	古埃尔宫（1889年）	34		
1887	阿斯托加主教宫（1893年）	35	古埃尔与多梅内奇政治结盟 创建加泰罗尼亚同盟组织	
1888	圣特雷莎学院（1890年） 托兰斯阿特兰克公司的世界博览会展厅	36		巴塞罗那世界博览会
1889		37		巴黎世界博览会（建造埃菲尔铁塔）
1891	卡迪内斯之家（1892年）	39		
1892	弗朗西斯科传教会设施（摩洛哥丹吉尔，方案）	40	多梅内奇设计的罗拉之家（卡内特·德·摩尔）竣工	
1895	包德加伯爵宅邸（1901年）	43		新艺术在巴黎兴起 卢米埃尔兄弟在巴黎"大咖啡馆"放映世界第一部电影《火车进站》

248

公元	建筑·装饰	年龄	高迪个人历史 同期加泰罗尼亚发生事件	社会/建筑界
1897		45	"四只猫"咖啡馆开业（1903年） 以毕加索为首的艺术家们 天天聚集于此	在维也纳组成 直线派（分离派）
1898	卡佛之家（1900年） 古埃尔领地教堂 （1916年，仅完成地下礼 拜堂）	46		由约瑟夫·奥尔布里希 设计的分离派展馆竣工 西班牙在美西战争中败北
1900	古埃尔公园（1914年） 贝列斯夸尔德（1909年）	48	被授予第一届巴塞罗那 建筑年度奖 由普伊·伊·卡达法尔赫 设计的阿玛特耶之家（Casa Amatller） 竣工	巴黎世界博览会（建设大 皇宫和小皇宫）第2届现 代奥林匹克运动会也在巴 黎举行
1901	米拉勒别墅的大门和围墙 （1902年）	49	多梅内奇设计的圣保罗医院开工建 设（1930年）	第1届诺贝尔奖 举行授奖仪式
1902	托里诺饮食店内部装饰	50	获第1届巴塞罗那商业建筑年度奖	由乔治·梅里埃导演 的影片《月球旅行记》 上映
1903	马略卡岛帕尔玛大教堂修 复（1914年）	51	普格设计的本修斯之家开始 建设（1905年）	莱特兄弟发明飞机
1904	巴特罗之家（1906年） 蒙特塞拉特"光荣第一秘 境"（1916年） 卡特利阿斯山庄（1905年）	52	萨尔瓦多·达利出生	日俄战争爆发
1905		53	移居古埃尔公园内独立住宅	
1906	米拉之家（1910年）	54	父亲弗朗西斯科殁	
1908	圣家族教堂临时学校 （1909年）纽约的超高层 大酒店（方案）	56	多梅内奇设计的加泰罗尼亚音乐宫 竣工 何塞普·胡霍尔设计的大都 市剧院竣工	福特T型车上市
1909		57	巴塞罗那发生"悲惨一周"暴动	
1910		58	巴黎小皇宫举办"高迪展"	弗兰克·劳埃德·赖特 设计的罗比住宅竣工
1912	普拉内斯科教堂的布道台	60	侄女罗莎·戈雅殁 沦为天涯孤独人	奥托·瓦格纳设计的 维也纳邮政储蓄银行 竣工

公元	建筑·装饰	年龄	高迪个人历史 同期加泰罗尼亚发生事件	社会/建筑界
1914		62	高迪的得力助手 弗朗塞斯克·贝伦格尔殁	第一次世界大战爆发
1915		63	胡霍尔设计的内格雷之家 开始建设（1930）	爱因斯坦发表"广义相对论"
1918		66	古埃尔殁	托利斯坦·查拉发布《达达宣言》
1919		67	移入圣家族教堂内居住 巴塞罗那的大学开始使用 加泰罗尼亚语授课	魏玛的包豪斯学校开学
1923		71	普里莫·德·里维拉将军发动政变，在西班牙实行独裁统治，禁用加泰罗尼亚语	勒·柯布西耶设计的拉罗歇别墅竣工 赖特设计的帝国饭店竣工
1924	瓦伦西亚教堂布道台	72	加泰罗尼亚国民日为警察逮捕，被拘留一夜	安德烈·布勒东发表《超现实主义宣言》 赫里特·里特费尔德设计的施罗德住宅竣工
1926		73	被电车撞倒，因伤致死获死罗马教廷特别许可，葬于圣家族教堂内 在高迪身边工作的雕塑家 马塔马拉为其制成 面模	沃尔特·格罗皮乌斯设计的包豪斯德绍校舍 竣工

著作权合同登记图字：01-2013-8041号

图书在版编目（CIP）数据

高迪的理想国 / 日本无限知识《住宅》编辑部编；
刘云俊译 . —北京：中国建筑工业出版社，2023.1

ISBN 978-7-112-28069-8

Ⅰ．①高…　Ⅱ．①日…②刘…　Ⅲ．①住宅—建筑设
计　Ⅳ．① TU241

中国版本图书馆 CIP 数据核字（2022）第 200392 号

FUSHIGI NO KUNI NO Gaudi
© X-Knowledge HOME 2011
Originally published in Japan in 2011 by X-Knowledge Co., Ltd.
Chinese translation rights arranged through TOHAN CORPORATION, TOKYO.
本书由日本株式会社无限知识授权我社独家翻译出版

责任编辑：刘文昕　吴　尘
责任校对：张辰双

高迪的理想国
[日]无限知识《住宅》编辑部　编
刘云俊　译
＊
中国建筑工业出版社出版、发行（北京海淀三里河路9号）
各地新华书店、建筑书店经销
北京点击世代文化传媒有限公司制版
北京富诚彩色印刷有限公司印刷
＊
开本：787 毫米 ×1092 毫米　1/32　印张：7⅞　字数：200 千字
2022 年 11 月第一版　2022 年 11 月第一次印刷
定价：**50.00** 元
ISBN 978-7-112-28069-8
（39862）